美女是怎样炼成的

生活需要仪式感

李丹丹　李姗姗　编著

民主与建设出版社
·北京·

© 民主与建设出版社，2020

图书在版编目（ＣＩＰ）数据

生活需要仪式感 / 李丹丹，李姗姗编著 . -- 北京：
民主与建设出版社，2020.4
（美女是怎样炼成的；3）
ISBN 978-7-5139-2858-8

Ⅰ . ①生… Ⅱ . ①李… ②李… Ⅲ . ①女性－生活方
式－通俗读物 Ⅳ . ① C913.3-49

中国版本图书馆 CIP 数据核字 (2020) 第 064398 号

生活需要仪式感
SHENG HUO XU YAO YI SHI GAN

出 版 人	李声笑
编 著	李丹丹　李姗姗
责任编辑	刘树民
封面设计	大华文苑
出版发行	民主与建设出版社有限责任公司
电 话	（010）59417747 59419778
社 址	北京市海淀区西三环中路 10 号望海楼 E 座 7 层
邮 编	100142
印 刷	三河市德利印刷有限公司
版 次	2020 年 5 月第 1 版
印 次	2020 年 5 月第 1 次印刷
开 本	880 毫米 ×1230 毫米　　1/32
印 张	5
字 数	125 千字
书 号	ISBN 978-7-5139-2858-8
定 价	238.00 元（全 10 册）

注：如有印、装质量问题，请与出版社联系。

　　提起美女，我们的眼前就会出现容貌娇美、身材玲珑、笑容甜美的青春女子形象。她们就像春天的花朵，点缀着人生的美景；她们又像夏天的树荫，带给人们清凉和宁静；她们还像是秋天的果实，带给人们幸福和欢乐；她们更像冬天的暖阳，带给人们温馨和喜悦。

　　美女的一切都是令人愉悦的，她们柔美、温顺、恬静；她们漂亮、高贵、潇洒，她们是人间的天使，她们是万众的偶像。她们飘然前行于人们仰慕的目光里，她们优雅嬉戏于无限春光中。

　　她们中的很多人大把挥霍着自己的美貌和青春，却单单忘记了一件事，那就是韶华易老，青春易失，人生美好的年华只有短短的数年，待到岁月流逝，光华褪尽，一切都成为过眼烟云，她们只会留下人老珠黄的慨叹和无可奈何的哀鸣，以及被忙碌奔波生活磨光所有光彩的衰老躯体。

　　而另一种人，她们或许并不美丽，但却有独特的气质；不一定炫目，但一定让人感觉很舒服；她的智商不一非常高，但却有很高的情商，足以让她在生活、工作中游刃有余；她的生活中也有烦恼，但一定可以凭自己的智慧去化解。这样的一个女人，虽然没有过人的容貌，但却能凭借内在的气质，使美丽永驻。

　　修炼你的气质，沉淀你的内心，当气质美渗入你的骨髓，纵使岁月无情，你依然能凭着那份灵动、睿智、从容、淡定的气质成为最有魅力的那道风景。那么，女孩到底应该如何提升自己的气质，做个魅力美人呢？

本书就是专门为女孩准备的练就永恒美丽的智慧丛书，包括《生活需要仪式感》《优雅的女人最幸福》《动脑大于动感情》《气质女人的芬芳生活》《金刚芭比：做个又忙又美的女子》》《美女当自强》《做个性格完美的女孩》《做个灵魂有香气的女子》《生活需要你勇敢坚强》《把生活过成你想要的样子》10本。它从女孩的学习、工作、生活、习惯等细节入手，用优美的语言，生动的事例深入浅出地讲述了一个女孩应该如何通过修养自己，完善自己，最终使自己变成有内涵、有价值的魅力女性的人生道理，是一套值得每个女孩学习和收藏的珍品书籍。相信通过本套书的学习，一定会对大家迈向积极的人生之路起到极大的指导作用和推动作用。

目录

第一章
把生活过得有点仪式感

　　仪式，多指典礼的秩序形式。把生活过得有点仪式感是指把本来单调普通的生活，过得不一样。无聊的生活中，平淡是常态，你总要找到一种新的方式，让自己度过无趣的日子，使它展现出异乎寻常的色彩。

礼仪之美，让你的人生优雅从容

中国是个礼仪之邦，这不是一个抽象的概念，而是由我们每个人所表现出来的良好礼节所形成的一种融洽温馨的氛围和人际关系。人与人打交道，礼仪便是交往的规范。

作为一名女性，更应该懂得礼貌和秩序，应该掌握待人接物时的具体礼节。如今，在这个日益文明的时代，女人作为世界风景的一部分，尤其需要用礼仪来为这个世界缔造温暖和美丽。

女人有着将自己的美丽辐射给这个世界的能力，我们要知道，和谐人际与知识技能同等重要，社交与工作已融为一体。我们对礼仪的渴求已不仅仅限于日常生活和商务往来，已经延伸到更广阔的生活领域。

如今，漂亮的女人随处可见，而举止优雅、仪态万千的女人却难得一见，那是因为美丽的外表可以借助化妆品或服装来打造，而礼仪素养的培养却需要用一生去坚持。

在这个高速发展的社会，女人为了紧跟时代的步伐，可谓花了不少心思。她们有的通过各种培训提升自己的职场竞争力，有的通过美容院、健身中心塑造更完美的容颜和体形，但却很少有人有耐心去关心内在的优雅气质。

尽管优雅需要天赋，但通过一定的学习也是可以增进的。色彩大师圣罗兰先生说：优雅是从 17 岁开始学的。那么从现在开始学习礼仪吧。要提醒你的是，礼仪不是简单的形式，而是需要用心表达的，心灵的微笑是让每个人都难以忘怀的，你也将成为最有魅力、最让人心动的女人。

礼仪让女人更成熟、更优雅、更精致。身为女人，外表美丽当然很有必要，但这并不是我们的终点，我们要借助美丽的辐射，充分发挥自己的能量和价值，从而提升自身的气韵、潜能及精神状态，与现实环境相容，达至更好的生存质量与更为和谐的生命形态。

讲礼仪，并不是指简单的表面功课，而是发自内心地尊重周围的朋友、家人。有礼貌的人都有一颗感恩的心。女人有着天然的母性。当这种母性中融入知礼之心，便是一个完美的可爱女人。这种可爱不是矫揉造作的装腔作势，也不是纯真无邪的不通世事，而是发自内心地让人敬爱、亲近。

讲礼仪的女人有一颗宽容的心，她们是温柔善良的，她们做事有理、有礼、有节，知道体恤别人的难处，懂得妥协的艺术。女人不是软弱的，但是当在工作中遇到冲突或矛盾时，在无伤大雅不失原则的情况下，懂得适时适度地退让和妥协，是保全局面的最佳方式。

礼仪是女人的一面镜子，它可以照出你的修养，帮助你与人和睦相处。家和万事兴，家庭需要礼仪；以诚相待，朋友间需要礼仪；事业有成，同事间需要礼仪。总之，人际交往，离不开礼仪。良好的家庭礼仪，可以把家庭变成社交的最佳场所，让家成为温馨的港湾。

一个讲究仪表的女人往往具有高贵的气质，彬彬有礼的女人能使自身的美焕发出一种特殊的力量。优雅端正的体态，敏捷协调的动作，高尚文明的言行，适度大方的修饰，是女人所体现出的内外美统一的独特魅力。

礼仪看上去好像是外在的东西，但它恰恰是一个人内涵的体现。如果一个人道德败坏，情感委琐，不学无术，那么他就不可能有高雅的举止和优美的言谈。

在日常生活中，我们常常通过一个人外在的举止，穿着打扮，以及接人待物来判断他的内涵。在交际中，那些行为有度的人，谈吐不俗的人，会让我们感觉如沐春风，而这些良好的感觉并不是建立在华丽名贵的衣着上，而是基于一个人的内涵，以及内涵的外在形式，礼仪。曾有这么一个报道：

> 某外企一次招聘时，一名应聘者能力出众，但表现出的素质，却让面试官大跌眼镜。面试前，众考官一致看好一名叫刘婕的应聘者，她硕士学历，能力很强，长相也出众，是众考官私底下议论的"种子选手"。
>
> 果然，在与外籍考官的对话中，刘婕用流利的英语展示了自己的实力，也让其余考官频频点头。可谈话到一半时，她的手机响了。于是，刘婕连句歉意的话都没有，起身就出去接电话。返回时，她还对一旁面露诧异神情的考官潇洒地说了句"你可以继续"。
>
> 结果，不懂得尊重别人的刘婕，虽能力相当突出，但最终仍被企业淘汰。

她的失败，不是败在专业技能上，而是败在礼仪修养上。这个故事，发人深省。

礼仪遍布于我们生活的各个角落，每个人的生活。无论是在家庭里、社会上，还是在职场中，只要是涉及人际交往的场所，都有礼仪的存在。

对于女人而言，良好的礼仪教养能够帮助我们改善人际关系，让我们在人际交往中如鱼得水，左右逢源。美丽的外在形象当然重要，然而优雅得体的举手投足更能彰显女人魅力。在这个竞争日益激烈的社会上，礼仪个整个社会带来一种和谐之美，也给女人增加了成功的机会。

在社交中，经常根据交往的深浅程度，把对一个人的感知形象分为三个层次：

第一个层次，是对于那些只听说过名字没有见过面的人，我们主要通过他的名字和别人的评价来感知对他的印象。

第二个层次，是对于那些第一次见面的人来说，我们主要通过他的相貌、仪表和风度举止来判断他的为人和内涵。

第三个层次，是对于那些交往很深时间很长的人，因为彼此之间已经很熟悉，我们主要通过他的为人品行、文化水平、能力才华来认知这个人。

在这三个层次中，最主要的是第一印象，这种印象可能会持续很久的时间，甚至是关系能否进一步发展的决定性因素，很多人就因为第一印象而中止了本来可以深入发展的关系。

第一印象是由人的相貌、仪表、风度举止等综合因素形成的，在互相没有深入了解的情况下，是判断一个人的唯一直观标准。因此，能否留给别人良好的第一印象，可以说是成功的前奏。

因此，一个聪明的女人，懂得在和别人交往的时候充分利用第一印象，为自己搭建一个良好的平台。而第一印象不仅仅依靠漂亮的五官、优美的身材以及得体的服饰等这些表象，更依赖于优雅的举止和熟练的礼仪，精心设计的自我形象，加上充满魅力的女性礼仪风范，会展现女人的教养和风度。

一个人金玉其外却败絮其中，行为举止粗鲁不堪，即使有再好的外表最多是个花瓶。这样的人也许可以给人留下美好的第一印象，但这种印象只是一个美丽的泡沫，很难持续下去，有可能在一开口的瞬间就将它破坏掉。只有将美好的外在形象，和文雅的举止得体的言行相统一，才能赢得每个人的赞许。

因此在日常生活中，一个聪明有"才情"的女人一定会注重自己的形象，讲究礼仪的基本原则，在各种工作或社交场合保持女人应有的优雅风范。良好的礼仪修养是女人美丽、优雅的根本所在。假如一个女人仅仅有形体美而没有礼仪美，就像绢花一样，虽美丽却没有生命的活力。

掌握基本的人际交往礼仪对我们自己很有益处。现代社会日益频繁和激烈的竞争，我们需要把握转瞬即逝机会，而在对机会的把握上，不仅仅需要灵敏的洞察力，我们还要受到外界因素的制约，"一票否决"的情况往往成为我们最无奈的结果。

而礼仪，却是改变这种现状的有效手段。从这个意义上来说，礼仪，已经成了今天社会竞争场上重要的砝码。掌握更多的人际交往礼仪知识，不但能够提高待人处事的能力，而且能够帮助我们抓住一闪而过的机会。因此，现代职场上的女性十分有必要掌握礼仪规范。

礼仪，其实也是一颗善良心，因为它需要我们真心真意的付出，是建立在想让和自己交往的对方感到舒适、幸福、快乐的基础之上的。如果不熟悉各种场合的礼仪，或者举止不合时宜，那么我们的谈吐、举止会使他们失去对我们的信任和尊重。因此，一个懂礼仪的女人，首先是一个真心为他人的女人，她在举手投足、一颦一笑之间，道尽女人的无限魅力和风采。一个受人尊重的女性，并不一定是最美丽的女性，但一定是仪态最佳的女性。

礼仪，是对人的尊敬，也是对自己的尊敬。古代有这样的说法：礼者，敬人也。敬人者，人恒敬之。尊敬他人是获得他人好感并进而友好相处的重要条件。

一个自高自大，忽略他人存在的人，是很难得到他人配合的。并且，举止粗俗，是一种不懂礼貌的表现，是对人对己的不尊重。我国自古就是礼仪之邦，我们更应该将这种优良传统继续发扬。

一个女人在各种场合都应该让人感觉到自己的仪态，聪明的女人懂得了解和掌握职场、交际、生活中各种场合的礼仪标准和应该注意的禁忌，因此能够在任何时候都淡定从容，仪态万方。

一个有"才情"的女人知道，自己是否有魅力不仅仅表现在外表的美丽，更重要的是出自内在的气质、修养，这些才是一个女人美丽、优雅的本色所在。

一个女人如果注重自己的形象，讲究礼仪的规范，无异于从更深层次给自己化了一次妆，这种看不出的妆，却能够让别人感觉得到，体会得到，因为它是女人内心世界的一种体现。

趣味横生，让生活常过常新

聪明女人喜欢"七十二变"，并不是时尚界的简单现象，而是女性心中的极度渴望。作为女人，总是疯狂地想要得到新的东西，变出新的样子。在自由当道、个性做主的今天，换工作、换男友，甚至变换生活方式都已经是普通得不能再普通的事。不过，善于改变，越变越好，才是聪明女人追求的目标。

女人是喜新厌旧的动物，更是求新求变的高手。她们会周期性地变换身边的事物，为自己发现新包、新唱片，还有楼下的新餐厅……尤其是当生活换了环境或是进入一个新阶段的时候。而在她们大张旗鼓地换掉外包装的同时，内心深处也正在经历着一场新陈代谢，所有的变化只是这种心理状态的外在折射。

聪明的女人虽然善变，但不会为了改变而改变。我们所处的时代赋予了我们改变的契机。在这个个性开放、宣扬女性独立与自主的自由年代，只要敢想敢做，几乎没有不能达成的愿望。女人们早就摆脱了三纲五常的束缚，也不用拘泥于某种特定的生活方式。

她们甚至可以随时卷起行李，换个住处、换份工作、换个男友。而十年前连想都不敢想的事因为出现了网络这个媒介，让我们想要的"改变"变得越来越简单，越来越快速。随便找个网页浏览一下，就可以成功跳槽；二手房交易也在网上如火如荼；交个朋友或男朋友更是一个晚上就搞定。

不过，这种大得没有边际的自由肯定会有它的负面作用，聪明的女人应该懂得怎样去好好利用，以免再为自己套上新的枷锁，即心理学家所谓的"强迫性改变症"："我曾经碰见过一对想要分手的恋人。他们分手的原因不是因为两人之间出现了什么危机，而仅仅是他们都坚定地认为自己必须经历新的故事，发展新的恋情。"

这种纯粹为了改变而改变的想法显然是不健康的，背离了改变原有的初衷。在职场中也有类似的情况。心理学家接着说："越来越多的人，尤其是较为感性和容易冲动的女性朋友，在谈到同事辞职跳槽的问题时，与从前或冷漠或嫉妒的情况不同，更多的居然是羡慕和自勉。大多数人的想法是：总有一天我也要离开这里，我可不想一辈子待在这儿发霉。"

聪明的女人会认真考虑自己的专业和适应能力，也会结合自己的特长和职业发展，而不会只是盲目地选择离开某处或改变什么。

聪明的女人认为改变是一种自我发展。心理学家指出："每个个体在经历了一段千篇一律的日子之后，通常都会产生改变外环境的心理要求，而这其实是内在环境的微妙作用。"

既然是变，当然要越变越好。无论是变换发型、变换住所还是变换工作，在换个新鲜劲儿的同时，还应该是一种发展状态下的改变，将缺点变成焦点才是我们应该恪守的终极目标。

另一方面，改变不仅从结果上来说是一种发展和进步，改变的过程本身还附带着很多客观利益。因为想要"改变"的愿望培养了我们挑战生活的勇气、信心与能力。当然，改变有时也需要经济实力来做后盾。

聪明女人知道改变要慢慢进行。求新求变并不是对所有方面都适用。某食品广告专业人士就举例说："近两年来，我们也意识到了要迎合大众保健、塑身、喜欢新口味的心理。

因此，各种'新口味''无脂''少油'的产品推陈出新，但是却没什么收效，似乎大家都不怎么相信天花乱坠的广告词。反而直接以打折、优惠酬宾等方式来吸引顾客才是最为有效的促销方法。所以，我们经常会看到新产品无人问津，降价的老产品却销售良好的局面。

而那些一贯保持其优秀品质的老品牌却以不变应万变，照样有一帮固定的消费群体。"这只是一个简单的商业例子，但至少说明了不是任何事都需要改变的。另外，是否要变，怎么变也要取决于改变的大小深浅和变化主体本身的影响力。

在你决定要不要买新口味的酸奶和考虑是不是需要改变生活方式时，显然应该是两种态度。酸奶不好喝以后可以不买，但一旦选择了错误的生活方式，就没那么容易脱身了。

所以，聪明的女人知道必须慢慢来。想换工作时，先换同一类型的工作，然后再慢慢开拓自己其他方面的潜能；男朋友对你不好，先教育，再警告，屡教不改的再扫地出门。

如果想过另一种生活，从微小的生活习惯开始改变，不要一下子禁止自己不去任何酒吧，强迫自己每天看书两小时……心理学家也同意说："改变必须循序渐进，大幅度的改变不是在克服障碍，解决问题，而是关上了一扇从过去通往现在的门。不仅无法保留曾经拥有的幸福，还会制造出一些新的问题。所以绝对不要彻底地与过去决裂，而应该一点一点地逐步实现改变的计划。将自己生活中已经存在的和正在改变的东西慢慢融合，产生最理想的结合方式。"在这个过程中，你可以毫不犹豫地买下那条你向往已久的蓬蓬裙，再染上一头和裙子的颜色相匹配的头发。至于其他的，就先花点时间慢慢考虑考虑吧。

虽然石头因顽固而美丽，但是云彩是因善变而多彩。是的，石头若不守住自己的执着，又怎么能成就自己？可云彩若不时刻变幻，又怎么衬托出天空的绚烂？

聪明女人是善变的，其实女人天生就是个百变能手，是生活的魔术师，是情感世界里的百花丛，是男人眼睛里不得不爱的宝贝儿。

聪明的善变女人有着非一般的特质，她的血液里无时无刻地流淌着一种爱、一种美，有时还会加一点"叛逆"，她会让不懂她的人看不懂，也会让能懂她的人更懂她。世界因为有了女人才显得更加精彩。她是善变的动物，是善变的精灵，女人的善变造就了能干的男人，女人的善变营造了多彩的生活。

善变的女人有时温柔、浪漫，有时感性、亲和，有时敏感、多愁善感，有时坚韧，甘于奉献。

善变的女人，用自己一颗灵动的心，丰富和灿烂着生活中的枯燥和平淡。美丽而不娇纵，温柔而不软弱，随和而有分寸，善变而有原则。化蛹成蝶，毛虫拥有了美丽的翅膀。盈曳出尘，女人憧憬着幸福的未来。有了善变的女人，男人一辈子都不会感觉乏味；有了善变的女人，每天都会有全新的体验和精彩！

我就是我，生命中的独一无二

聪明的女人不会做别人生命里的插曲，她们永远是生活的主角。在生活中，每个人都有自己的生活轨迹，是生活的主角。在自己的地盘上主宰着生活、感受着生活、享受着生活、感谢着生活，可以成为平凡的快乐一族。

在生活中，那些自认为聪明的人，架着有色的眼睛，戴着自封的聪明人的头盔，炫耀着自认为时尚的生活，吹嘘着生活的浪漫。

聪明女人会选择在实际生活中，她是自己生活的主角，但她也甘当配角，用一颗平和的心态"聆听"别人的生活。

　　有些人高高在上，用他们内心的苦恼、空虚的无聊、虚伪的浪漫、驾驭生活，来获得表面上的灿烂光环，掩盖真实。他们有他们的苦恼，他们的苦恼源于对生活的驾驭欲望，工作别人不如他们、生活别人没有他们幸福、他们什么都比别人强，嘴上却总是挂着"浪漫与洒脱是生活的全部"。

　　聪明女人就不然，在实际中，她快乐地工作、生活、学习，真实地再现自我。她所注重的是：生活的平凡、平凡的内涵质量、平凡之中的朴素美、人性的善良与真诚；关注的是人与人的亲情和呵护；看重的是踏实和稳重的做人原则。用自己的真情对待生活，感谢生活赐予的现在的一切。

　　在生活中，聪明女人看重的是实实在在的生活，而不是昙花一现的时尚。而真正能够做到时尚的那些人，永远是"早晨八九点钟的太阳"。虽然在生活中已经过了正午，但如果调整好心态，找到生活的坐标，生活依然精彩，甚至更加丰富和绚丽多姿。

　　生活就像千年的古树，根固然扎实、丰厚；但叶同样茂盛、美丽。每个人永远是生活的主角，关键是自己如何看待。那些生活得"伪浪漫者"到头来只得感叹生活的蹉跎，舒缓一时之痛，无法真正释怀，只能是"不是我不明白，只是这世界变化太快"。

　　聪明的女人选做生活的主角，用一种踏实的人生态度。当青春不再、泡上一杯清茶、唱一支青春时代的流行歌曲、翻看历史的一页篇章时，会感慨生活的恩赐与厚爱，虽然韶华已逝。

　　在"伪浪漫者"的眼中生活是平庸的，但她们真实、开心、更多的是拥有快乐和轻松！这是真正释怀生活的真谛和青春无悔之所在。

　　维克托·弗兰克尔曾说过："在任何特定的环境中，人们还有最后的自由，就是选择自己的态度。"

曾经观看一个访谈节目时，某演员曾说，对演员而言，没有角色的大小，只有对待角色的态度好坏。就像某篇简单而让人深思的文章《把信送给加西亚》。

事实上，罗文中尉理应归为普通人这一类。如果没有阿尔伯特·哈伯德的那篇文章，相信没有几个人会记住他，而《把信送给加西亚》所要阐述的也不是罗文的个人英雄主义，而是告诉人们：现实中需要罗文们！

抛开信件所涉及的两个大人物和信件内容所带来的历史影响，送信本身其实是件很平常的事，有人也因此对"罗文"不屑，殊不知，每天我们都在重复着"罗文"的故事，只不过没有那般厚重的历史背景作衬托罢了。

在我们的社会，有太多的插曲，"生活在别处"的人很多，想去下一个驿站或者坐在别人位置的太多，真正能够坐冷板凳，在自己的专业方面能够精进但精进得并不多，也许，前国足教练米卢所推崇的"态度决定一切"有些偏颇，但不可否认。

态度在个人的发展历程中是至关重要的。也许我们一生都没有机会接受"把信交给加西亚"的任务，所以，如何在平凡的岗位，平凡的人生里留下不平凡的足迹才是我们应该思考的。有人总在抱怨岗位平常，工作单调，待遇不丰，可大科学家法拉第却告诉我们：工作本身就是一种报酬，因为收获是不能仅仅用物质衡量的。

把信送给加西亚，是一种信任，需要忠诚；把信送给加西亚，是一次挑战，需要勇气；把信送给加西亚，是一个无声的承诺，需要用心旅行；把信送给加西亚，是一种光荣的使命，需要出色地完成。

谁才能"把信送给加西亚"？只有在自己的位置上，勤奋、踏实、勇敢、忘我、发挥主动性，创造型的人，才有机会胜任。

每一个人都有自己的舞台，各自扮演着不同的角色，区别只在于用心不用心，只要在自己的舞台上用心扮演，就是"罗文"，就是英雄。

其实，每个人注定都是自己这部人生戏剧的主角，站在各自的舞台上，以各自不同的方式，演绎着自己与众不同的故事。如此，谁都不应该有什么自卑、抱怨、牢骚，只需把自己的人生台词精心地推敲，只需努力让自己这个角色光彩夺目。

你有你的辉煌，我有我的亮点；你有你的天地，我有我的世界。每个人以各自独特的优秀，展示各自卓然不同的风采。切不必为某些小事而妄自菲薄。

世界上没有一片叶子是相同的，每个人诵读的人生台词各不相同，但这并不妨碍我们拥有一致的身份，那就是我们都是生活的主角。

做自己生活的主角，最重要的一点就是珍惜自己、善待自己、自立自强。我很欣赏香港女星杨恭如说的一句话："女人要对自己好一点。"那种一辈子依靠别人的想法不可取，靠别人不如靠自己，遇到什么困难，首先靠自己解决。女人不应该成为一根藤，如果做不了一棵树，就做一棵小草好了，历经风雨，亭亭玉立。

做自己生活的主角，是一种对生活的态度。无论是甜蜜还是忧伤，是灿烂还是阴郁，始终保持一种处变不惊的淡定与从容。人生可以不完美，别人的褒贬也不必太在意，对女人来说，最应珍惜的是自己。

做一个聪明女人，行动吧！做自己生活的主角，把幸福掌握在自己手中，为自己营造一种健康向上的生活！

从容面对生活，从容面对一切

从容，是人的一种仪态、表情、举止、言谈和处世的外在表现。一个人如果有了从容的修养，他就生活得洒脱、欢快，生活得就无忧无虑、轻松自如。一个人如果没有从容的修养，他也许会终生以艰苦为伴，终生和抑郁为伍，终生与多愁善感相缠，整天不得开心颜，整天活得喊苦叫累。

从容的人，从来不为自己的平凡叹息，从来不为自己的默默无闻计较，也从来不为自己没有出人头地而绞尽脑汁，更不会为自己不能升官发财而煞费苦心。

相反，他始终瞄准自己的奋斗目标锲而不舍，即使一时失败也毫无怨言，即使撞到南墙也不回头，直到做出伟大的业绩，他才淡淡地说一句：当初，我认准的目标是对的。

从容的人能把工作的重压变成人生的闲适，能把学习的紧张变成轻松的享受，能把人生的负数变成进步的正数，能在单调的环境里发现生活的乐趣。

从容的人胸襟开阔，豁达大度，心比天宽。他从不计较别人对自己的恩恩怨怨，从不计较别人对自己的误会和过失，从不计较周围人对自己的白眼与冷落，终生泰然处之，宽容别人，原谅别人，干干净净忘记过去的一切，即使有朝一日能跃上高位，他也能团结一切可以团结的力量，并大度地和反对过自己的人一道工作，密切合作。

从容的人从不做作，从不贪图虚荣，当工作平平淡淡时，他不需要别人的"照顾"；当工作有了成就时，也同样不需要别人来吹捧和宣扬自己。

从容的人敢于自信，绝不因为流言蜚语而裹足不前，也绝不因为贫穷清苦而陷入讨好谄媚的圈子。

从容的人能够洞察一切，善于处置一切，不管在什么样的环境里，都能够像飞雁过长空，不留任何痕迹。始终保持着一种宁静、平和的心态，走稳自己的人生之路。

愿我们从容面对生活，愿我们从容对待一切。

《鲁豫有约》有一期讲述有一个全身瘫痪的人面对只能活的一段有限时光，还要面临后期所要承受的巨大痛苦。

有一次她的母亲有病，不能照料她，她的生活就一团糟。于是她产生轻生的念头。后来在电视看到一些有关安乐死的信息，她就在网上查些资料，写了申请安乐死立法，让一个人无痛苦还有尊严地死去。

她爱看西班牙电影《深海长眠》。一个全身瘫痪的人，要求实施安乐死，还有一句她记得最深刻的台词"劝我好好活的人，都不是爱我的人"，后来鲁豫改了这句词"劝你好好活的人，也是爱你的"。

其实她是幸运的，她有一个残疾的身体，可她的快乐是建筑在心境上。有一句劝世对联：睡至二三更时，凡富贵都成幻境，想到一百年后，无少长俱是古人。

既然这样我们应该将有限的生命浸润在无限快乐中，不要患得患失，在心里布上阴影。想想上苍真公平，每天二十四小时，生命必需品的空气，阳光和水，苍天都是平均地赐给每个人，还有她的父母总是无微不至关心她，就如歌中唱的一样："有妈的孩子是块宝。"

过好自己的每一天，就如同明天将要死去，我们应生活得优雅从容，朝气蓬勃，观察敏锐，这样可以鲜明地强调生命的价值，经常可以看到某些人即使生活在死亡的阴影下，仍然对他们做的每件事充满甜美的感情。

上帝总是把他最好的礼物"心之静"送给他喜欢的孩子。一个人静静享受生活也是一种快乐！

从容面对生活，日出东海落西山，只要认真对待每一天，做事不钻牛角尖。生活时时掺进些幽默，是祛病延年的一种保健手段。

在生活中寻找快乐，当父母为她付出无私的爱，她很感动；当她在网上搜集资料时，享受的一份宁静也是一种快乐；当网友向她伸出友爱之手，这份激情也是一种快乐；快乐就在我们身边，就这么简单易得。

从容，就是从容不迫。"不管风吹浪打，胜似闲庭信步"，对待任何事情都很坦然，始终坚信没有过不去的坎。

从容，是睿智的表现，对待生活、对待人生、对待事业积极、乐观、向上，它不因家庭幸福美满、事业兴旺发达、个人欲望得到满足而沾沾自喜、得意忘形，也不因人生不如意到处遇挫折而消沉怠慢，更多是显示出心平气和，不骄不躁心理。

从容，就是有着一种海纳百川、气吞山河的大度，胸襟开阔，气量宽宏，能容忍他人，能包容他人，能谦让他人，尊重他人，俗话说"尺有所短，寸有所长"，各人自有各人的优点和缺点，要以从容平和的心态对待他人．

　　当别人取得成绩时为他鼓掌，而不去嫉妒别人，当别人失败时给予他鼓舞，让他走出阴影，而不是一味地指责，甚至落井下石。

　　从容是真，是善，是品德和言行的呈现，一个人能从容地面对生活、人生并不容易，特别是人的欲望极度膨胀的今天，一些人片面地追名逐利，巧取豪夺，追求物质享受，为了达到个人欲望可以不择手段，为了个人利益丑态百出，甚至在生活上腐化堕落。

　　更多的人面对困难唉声叹气，生活工作是处于自卑状态，不敢勇敢地接受挑战，显然这些人对待生活工作没有从容平和的心，更谈不上积极进取了，古人对待个人得失尚晓"不以物喜，不以己悲"，我们何不从容地对待生活与工作呢？

珍惜现在，爱自己所拥有的

　　尽管我们常常感叹时间太快，尽管我们竭力想挽留时间，可是它还是悄悄地从指缝中溜走了，静静地从我们身边走过了。好想让闹钟停留，不再走动；好想捂住耳朵，不去听时间的脚步……可它还是在无声中，在黑暗中，在空气中一点一点消失了。

　　好想让时间回来，好想让昨天重新来过，好想回到从前，可是光阴一去不复返，过去的不会再重来，失去的也不会再回来；回来的只是一声声无力的呻吟。

　　人，仿佛就是这样，失去了才懂得珍惜。失去的时间突然变得宝贵了，失去的感情突然变得可贵了，失去的东西突然变得珍贵了。我们，为什么不会珍惜呢?

如果世上有后悔药,我愿意去买,因为我要把全部的后悔补过;如果世上有时空穿梭器,我愿意去尝试,因为我想回到从前,去珍惜过去所拥有的东西。可是没有,什么都没有,有的只是时间轻轻的脚步,有的只是一声声后悔,有的只是心里一阵阵惋惜。

不管再去做什么事,不管再去说什么,不管再去想什么,时间依然无法倒流,失去的依然无法回来,后悔的依然无法补过,我们只能去珍惜现在所拥有的,让过去,让那些惋惜,让那些后悔都化作永恒的美好。

珍惜现在,把握未来,不要再做虚度的人,不要再做后悔的人,做一个懂得珍惜的人。珍惜现在的生活,珍惜现在的东西,珍惜现在的感情,珍惜现在所拥有的一切。只要偶尔回忆一下过去的惋惜与悔恨,就足够了,尽管它们都不会再重来……

有一个故事,国王为了实现公主的承诺将她许配给青蛙。他们经历一系列所发生的故事后,公主从开始的厌恶到后来真的喜欢上了青蛙。

最后用她那纯洁的一吻发生了奇迹,青蛙变成了英俊的王子。这个耳熟能详的故事我们都知道。

可是,生活中我们往往不去珍惜上天赐予我们的东西,没有懂得珍惜我们的拥有,只是拼命地追求自己得不到的东西,认为那才是最好的。越得不到越是想追求。

其实我们都是富足的,但欲壑难填,多数人在追寻所谓的功名利禄，其实是在舍本逐末。我们能闻到的花香，能听到的鸟鸣，能看到的五彩缤纷的世界，能感受到的亲人那无私的爱。这才是我们最应该去珍惜的。不要说这太寻常，当你真的失去它们时，你才会深深地体会到拥有的幸福。

　　记得有次，佳佳工作正忙，家里打过来电话。她问有什么事，母亲说，天冷了把她的被子给拆洗了，让她带回店里。她当时真的是忙晕了头，大声说，什么事呀，晚上回家不能说。就把电话给挂了。

　　佳佳现在想起，真的很自责。当时母亲是多么充满爱意的来打这个电话，自己却将她的深情浇了盆冷水。这样的事发生过很多，但母亲包容着，理解着，佳佳却总是在事后后悔不已。

"谁言寸草心，报得三春晖"是啊，父母的爱像静静流淌的溪流，温柔地包围着我们。我们拥有的温情才是幸福，我们应当去珍惜。也要懂得去关心他们，总是为了那蝇头小利去尔虞我诈你争我夺。有时欺骗自己，等生活质量上去了，好好孝敬他们。

其实老人们并不追求安逸的物质生活，而是那聚在一起时的浓浓深情。我们是父母的牵挂，他们总是嘘寒问暖的关心无处不在，可是我们为什么不去珍惜那一份幸福呢。

很多的人往往不懂得珍惜自己所拥有的。而是热衷于追求自己能力之外的，像《红与黑》里面的主人公于连，总是喜欢跟上层社会的人攀比，不择手段地往上爬，或许他得到别人永远得不到的，得到了自己没想过的东西，可是在这个过程中，他失去了亲情，没有真正的友情，爱情的意义也被扭曲了，变成了他的工具。

最后，落得个砍头的下场，不知道珍惜拥有的，享受上帝赐予的生命，而是用它来做无谓的事情。与其说，这是人的本性还不如说这是人的悲哀。

失去健康的人才知道健康的珍贵，失去爱人的人才知道爱情的美妙，失去亲人的人才知道亲情的温暖。时光不会倒流，这样只会给我们的人生留下深深的遗憾。

不要等到我们想拉孩子的小手时，发现他已长大；不要等到我们想闻花香时，已是冰天雪地；不要等到想与青春共舞时，已白发苍苍，那样的人生充满了悔恨的泪水。

曾有位朋友问我什么是幸福，我说，珍惜我们的拥有那就是幸福。丑陋的青蛙其实是英俊的王子，不要让它从我们身边溜走。

珍惜拥有。生命的轮轴如闹钟，却不能拨快拨慢；如河流，却不能改变道路；如洪水，却不能退回大江；如流星，却不能保持永恒。

如果我们不珍惜生命，不注重生命的每一刻，那么我们的生活就如死水般静止，不引起任何涟漪。这就是生命。它对任何人都是平等的，就看你如何运用它，掌握它，珍惜它。

生活友善，让心情天天心晴

有句至理名言：当你给别人阳光时，你也会得到阳光。在与人打交道时，我们发现我们自己的待人态度会在别人对我们的态度中反射回来。恰似你站在一面镜子前，你笑时，镜子里的人也笑；

你皱眉，镜子里的人也皱眉；当你叫喊，镜子里的人也对你叫喊。几乎很少人认识到这条心理学规律是多么重要和多么具有预测性，反而得意地归之于自己感觉灵敏。

实际上，如果你事先就确认某人是难以对付的，则你很可能会用多少带有敌意的方式去接近他，在心中握紧你的拳头准备战斗。其实当你这样做时，你简直就是设置了个舞台让他上去表演，他也就被逼扮演了你为他设计好的角色。

而如果你事先认为某人是友好的，你就会用友好的方式去待他，在你的感染下，他自然也以友好的方式待你。

每个人都希望自己能得到鲜花、掌声、赞美，不希望被别人贬低、嘲笑、责备。然而，现实生活中，人与人之间难免会有摩擦、烦恼、矛盾。于是，抱怨和责备随之而来。指责不仅会使事情按自己意想不到的那样发展，也会给自己带来意想不到的麻烦。在生活中，我们最好不要去抱怨、责备别人。同时，面对别人的抱怨、责怪时，我们要尽量宽容些。

友善可以获得真正的友谊，无端的争斗只能造成两败俱伤；友善可以化解矛盾，无情的指责只会恶化问题。每一个人都是一个潜在的朋友。每个人都可以成为你的朋友。你有没有朋友，完全在于你自己。

请记住，你的大多数敌人正是你自己造成，友善才会使你朋友遍天下，使你的品质得到升华，生命充满快乐。

世界上最宽阔的是海洋，比海洋宽阔的是天空，比天空更宽阔的是人的胸怀。其实我们每个人本来都有一个宽阔的胸怀，我们也都需要这个宽阔的胸怀。在为理想而奋斗的过程中我们需要宽阔的胸怀；

在日常学习、工作、生活中与人相处，我们更需要宽阔的胸怀。

然而，人都是有血有肉，有七情六欲的动物，在与人交往中，不可能像圣人一样，做到与世无争。

无论男人、女人，企业 CEO 还是普通职员，办公室白领还是建筑工人，都难免逃脱情绪的包围，喜、怒、哀、惧这四种人类的基本情绪，构成了丰富的情感元素及旺盛的生命力。可以这么说，我们都是情绪的"奴隶"。

通常而言，人们都认为是情绪引起人的反应。也就是说，人们忧愁的时候才会哭，恐惧的时候才会发抖。生气的时候才会发脾气，愤怒的时候才会不友善。

但心理学家的研究表明并不完全是这样。恰恰相反，人们会因为哭而发愁，会因为发抖而感到恐惧。这就是说，人的情绪是可以由行为引发的。根据这种观点。人可以通过控制行为的方式来控制自己的情绪。

安泰人寿保险公司经理周丽华进入寿险业才六年，奖牌堆积如山，每年前往美国领取"百万圆桌会议会员"奖，这是寿险业最高荣誉，台湾没几个人能做到。但她刚开始做保险时，却饱尝羞辱。

1993年底，那时台湾股票市场还未低迷，她跑去富邦证券门口，发现有位穿黑大衣的中年人，貌似黑社会"大哥"的人走进富邦证券大厅。心想这"大哥"应该保医疗意外险，他的家人才有保障。她决定在门口等他。

中午，果然黑衣"大哥"缓步下楼，她立刻趋前递名片，问他："你要保险吗？""大哥"顺手拿起名片，将嘴里的槟榔汁吐在上面，随手一撕丢在地上，顺带附上一句"三字经"。周丽华眼泪汪汪，只好默默走开。没有争执也没有失望，但是她心中浮现一句话："将来拿我名片的人会是很有福气的。"

周丽华笑称自己其实脾气不太好，之所以能承受数以万计的白眼、怒骂与轻视的主要原因，是因为她认定自己在从事爱心的传递工作。

她的父母晚年卧病，医疗费几乎拖垮全家，她不要别人也遭受这种痛苦。秉持工作的理念与执着，每当负面情绪涌上时，她就告诉自己："放下。"

美国情绪管理专家帕德斯指出，平时锻炼自己控制情绪的能力，养成自制的习惯，有助于在情绪发作时拥有更好的反应能力。

每个人的心情都会时好时坏，只要学会控制好自己的情绪，才是我们获得快乐的秘诀。人与人之间的情绪是很容易相互感染的。就像两个恋人，如果其中一个人的心情不好，那么另一个人也不会好到哪去的。可是说起来容易做起来难啊。要真的能做到这一点那还是要下很大的下功夫的。

比如，如果有一个人说了一句你认为是错的话，或许他就是错的。如果你直接地在别人的面前就说这句话说错了，应该这样说云云，那么这个人会觉得你很不给他留面子。

我们每个人其实是把面子看得很重的，即使他知道自己已经是说错了的，但此时他或许会很不高兴地回驳你一句："就你对，你是真理？"你要是听了这句话，你可能又要想了，我给他提出错误应该是件好事啊，他怎么能这样说我呢？最后必然会让你们两个人的心情由此而变得很烦躁。

但是如果你换一种说话的方式或许会好点。你要是说："是这样的，我有个新的想法，但也有可能不对，如果我说错了还请你多多包涵。"如果这样你把你的想法说出来的话，我想他会很赞成你的正确的说法的。而且他还会很高兴能够认识你这个朋友呢。

还有我们经常喜欢和别人抬杠。这是万万要不得的。即使是在一些无关紧要的问题上。俗话说："顺情好说话，耿直讨人厌。"我们不是要大家放弃自己的观点做"老好人"，而是我们真的没有必要跟别人去抬杠，如果那样做，不仅会使彼此的关系一度紧张，而且也会让我们的心情一落千丈。

情绪是伴随着人们的思维而产生的，情绪上或心理上的困扰是由于不合理的、不合逻辑的思维所造成的。所以，在日常的生活和工作中，我们要学会控制自己的情绪，把握好说话交流的尺度，对人友善，那样，你就会有许多不菲的收获。

生命是由每一个片段构成。如果无法去改变整个生命，就改变某个片段，1%的片段的快乐，总比放任的忧郁下去好得多。

既然结果注定，那么我就去享受过程。放开一些，学会放弃，学会改变，学会一切让生活更能美化一点的技能。即使那美化有那么多的痕迹，一样可以点亮已经自我催眠过的眼睛。

以寂寞的心情去回忆过去的不寂寞和不寂寞那时的烦恼；以不开心的心情去留意开心；以闷闷不乐的心情去努力工作。失去什么，要懂得去接受真正现实剩下的，拥有的一线希望。因为还有！

等待未来的生活，过着渺茫的生活，要懂得去接受现实的生活。因为尽力了，也许可以告诉自己不需要再去遗憾。

培养爱好，让每一天都充实快乐

不想当将军的士兵不是好士兵，我觉得不想充实自己的人就不会有美好的人生。活到老学到老，人生是需要不断地学习，不断地充实自己的，特别是在 21 世纪的高科技时代。朋友，难道说你不想让自己的生活更加美好吗？

情感压力，社会、工作、家庭的压力都让女性越来越累。女性想要在社会中取得和男性同样的地位和成绩，所付出的劳动、承受的压力要比男性大得多。虽然当今女性的地位得到了大幅提高，但我国男尊女卑的传统观念仍然严重，大部分女性既要在职业中面对激烈竞争，又要更多地承担起家务责任。

女性对自身的要求也随着社会的要求越来越高，在工作中既要表现得出色，回到家里还要扮演好贤妻良母的角色，她们肩上的担子可想而知。

因此，女性这个相对柔弱的群体，更容易被抑郁情绪所困扰。女性情感细腻含蓄，比较感性，容易走极端，好感情用事。考虑问题往往立足感性，置身感性事物中。相对男性来说，只看表面特征，喜欢主观臆造、主观猜测，好推理，尤其喜欢用一件事情牵扯出众多过去的陈谷子、烂芝麻的事情来，然后痛在其中，游离于边缘。

就两性而言，女人确实把感情看得更为重要。有很多职业女性声称把生活重心转移到了工作上，要做独立的女人，但是，在情感的问题上却仍然可以让一个看似坚强的女性脆弱得不堪一击。

中国女人大都很传统，特别是结婚的女人更加遵守伦理道德要求，相夫教子，只要能忍受，就尽量跟丈夫继续过，两性关系中，只要还有一丝希望，只要不是没有办法，女性基本上都能承受，都是可以继续委曲求全和男人一起过日子。

所以，当老公因为某种原因提出离婚后，女人都是极力想挽回婚姻，整日徘徊在放手与不放手的边缘，情绪和生活已经严重受到干扰。长久下去，女人的精神会受到严重打击，产生剧烈的抑郁情绪。

女人产生抑郁，主要是情感中缺乏爱的支持，这种渴望和强烈也很唯一，随着周围客观环境的变化，这种渴求逐渐变化成对男人的命令和要求。

当男人承受不了的时候，就可能在感情上暂时回避女人，这个回避恰恰是女人觉得没有的爱，失掉了爱的致命答案。没有了爱，女人就仿佛没有了精神支柱一样。女人就会痛苦、彷徨、犹豫，情绪逐渐不稳定。

抑郁的女性，过着空虚乏味的生活，她们需要爱来帮自己走出困境。首先应该得到的就是来自自己的爱。女性一定要先爱自己。怎样爱自己呢？

如果一时难以找到合适的朋友或伴侣，那么就有意识地多培养一些爱好，让闲暇的生活充实起来，不要让自己成为那种除了工作什么都不会的人。

而兴趣又是逐步培养的。比如，写字、画画等，开始不喜欢，是因为不会，慢慢练习，有一定水平了，就会喜欢的。

尽量培养一些需要与人接触的爱好，如下棋、打球等，不要整天就是对着电脑，购物、聊天、读书看报等都依赖电脑来完成，这样反而会脱离人群，加重孤独感。而应找一些跟真人接触、需要有人共享的爱好。

培养自己多方面的兴趣和爱好，这样不但可以充实自己的精神生活，而且能让他人另眼相看，也是对自身素质的提高。说句难听的话，假如你的男人真的背叛了你，你所具备的高素质也能让你在重新选择时具有竞争力。

自己做主自己的生活。女人要知道为自己活着，而不是为别人活着，无论在职场还是家庭中，不要委屈自己做不愿意做的事。已婚女人，要保持一定的交际空间，扩大交友范围，良好的人际关系可以使人心情愉快。

做自己喜欢的事，不限制自己，不把自己限制在家务事中，不把自己限制在丈夫、孩子的关系中。拥抱生活。才能有朝气和希望。女人也才能远离抑郁，建立愉快的生活情绪。

女性朋友们，努力改变自己，充实自己的生活，拓展个人空间，不要过多理会生活中太多的细节，而是把注意力转移到规划自己的生活上来，每天忙着读很多书，思考人生的得失，规划未来，忙着健身、修饰打扮自己，研究科学育儿，闲暇时就到网上网友们玩闹，或者看看文章，写点东西，生活又渐渐变得快乐充实起来。

我们女人应该永远牢记一点：婚姻感情永远不能占据你生命的全部，追逐爱情不如栽培友情，千万不要为了爱情冷落友情，我们可以没有爱情，但拥有真挚的友情，实在是人生一大笔财富。

　　小霞的爱好很多，因为爱好交往的朋友也很多，可就是还没找到男朋友。身边的朋友像她这样的年龄，早已经当爸妈了，可小霞还是不太着急，她说现在这样无拘无束的多好，何必给自己找一个条条框框来约束呢。

　　小霞每天都有着无限的精力去做自己喜欢的事情，像集邮和开车，就是她的最爱。小霞的车友有一堆，大部分的周末时间，小霞都会联系她的车友一起出去郊游，她的那辆现代红色跑车看起来也是十分拉风。

　　有一次，一个一起玩的朋友还开玩笑地对她说，怎么不在车友里面找一个男朋友嫁了？小霞回答得也很干脆，有好的嘛，当然最好了，现在有共同爱好的人也不多了。一点也不做作的性格，给她带来了很多的朋友，生活很充实很小资。

　　小霞喜欢集邮已经是众所周知的了，而有关她和邮票的故事也是别人津津乐道的。她有一次为了去买邮票而失约一次相亲，她妈妈气得把她的一本邮集给撕了，还"威胁"小霞说，快成奶奶级了，还这样没心没肺的，要死给她看。

　　因为这事，小霞哄她老妈哄了两个多星期。小霞说，自己并不排斥婚姻，只是在等合适的人，而且现在的生活过得十分惬意，工作上的压力因为业余生活的多彩多姿而缓和很多，缘分未到的话，何必着急呢?

女人多一点爱好，免做井底之蛙。爱好越多，好奇心也越多，就越愿意接触新的东西，你的心灵世界也就越开阔，越充实，而充实的心灵也会让人充满自信。

女人多一点爱好，少一些婆婆妈妈。有些女人总是认为结婚了，其他就无所谓了，即使是个职业女性，每天一上班就不管别人爱不爱听，七大姑八大姨，丈夫、孩子再加油、盐、酱、醋，唠唠叨叨没完没了。

女人多一点爱好，免受疑心的折磨。猜忌是夫妻之间常发生的事情，所谓："无事好做非分想"，女人没有自己的爱好，就有更多的时间去察言观色，而结果也并不一定是完全正确的。

女人多一点爱好，不容易为情所伤。爱情是人生所必须，但在爱情的路上并不一定一帆风顺，如果遇有挫折和不幸，相思和烦忧也会随之而来，多一点爱好，那么除了爱情之外，你还会有许多其他的事情可做，以此也可以尽快地拯救自己，重新找回自己。

女人多一点爱好，会多一份乐趣。做自己喜欢做的事情，会使人身心愉快，而这种乐观的情绪，会使人精神向上，更加热爱生活，生活中我们要尽可能地去捕捉那些足以使我们心灵产生兴奋的动能，会让人精神饱满，体现在容貌上也是任何美容用品无法替代的滋养剂。

女人多一点爱好，就多一份想象。仰望蓝天，我就是那朵飘浮的白云；伫立窗前，我就是那带哨的信鸽；摘一朵鲜花，我就是那个美丽娇羞的少女……

女人多一点爱好，充实生活，你会受益无穷……

让烦恼化风，做个人间潇洒女子

韩宝仪的一首《你潇洒我漂亮》还真听出味来了；虽然这歌可真算是老掉牙了，可是歌里那味还真符合今天这风气。

女人爱潇洒，那是80年代看《上海滩》的日子，周润发一身的黑色风衣，嘴里叼着的一根雪茄，加上彬彬有礼的风度，那才叫潇洒。当时十来岁的小女孩，也被他那么酷的潇洒给深深迷住了。

　　不过说实在的，潇洒这个词现在似乎很少有人用了，现实中的男人大多和金钱、地位联系得多了，而女人则和烦恼联系在了一起。朋友吵架，烦恼；身材变样，应酬多，回家晚，烦恼；领导办事不公平，烦恼；同事之间闲话多，烦恼；别人有私家车自己没有，烦恼。似乎所有的烦恼都是为女人而设的。

　　俗话说，人比人得死，货比货得扔。其实，有些事根本没有比的必要，在生活中，当你羡慕别人的时候，别人也同样在欣赏你，你这方面比他差，那方面可能比他强。

　　比如，你在羡慕别人跟你挣同样的工资却能买得起大房子的时候，别人在因受贿而受到法律制裁的同时也羡慕你的生活安稳。其实，每个人有每个人的快乐之源，只是自己不善于发现自己的长处罢了，对自己没有信心，总是把眼睛盯在别人的亮点上，久而久之，你就会变成一个虚无主义者。说到底，产生烦恼的根本原因就是自己的心态失衡。

　　女的欢乐来自女，女的自豪来自女，女的自信来自女，女的荣耀来自女。但是同样，女的喟叹来自女，女的伤感来自女，女的忧郁来自女，女的苦痛来自女，女的一切烦恼几乎都来自女。

　　现实生活中，心不足则不满，不满即生不平，不平即要伤心，伤心就会有动作，于是烦恼迭生。所以聪明的女总是纵向和自己的过去比，对别的横向的东西不去攀比。

　　就是比，也是心态平和地比，羡慕归羡慕，知道人家再好的东西也不属于自己。女人减少自己烦恼的办法，来自对自己基本准确的评判，对自己基本准确的评判，来自有个比较合理的定位。

　　生活是美好而短暂的，处于烦恼中的女人们，应该尽快卸下烦恼的十字架，打开心窗，走出疲惫，丢掉烦恼，让微笑陪伴你，让阳光陪伴你，做个快乐潇洒的女人。

很多事情，不必烦恼。行到水尽处，坐看云起时，我们争取过努力过，但求问心无愧，结局随缘顺意。

28岁的璐璐前不久刚和同学飞到北京看了陈绮贞的演唱会，她追陈绮贞有多少个年头已经记不得了，只是喜欢这个台湾女子自信洒脱率真的性格，生活自在得像没有拘束感一样。因为到了28岁这个年纪，一个还没找到另一半的女孩，在温州这个小地方，实在有太多拘束感了。

璐璐尽量让自己不被这种拘束感束缚。她一边工作，一边参加在职研究生考试，把自己的时间排得满满的，不上课的时候，或窝在家里看书，或约几个朋友去咖啡馆晒太阳喝咖啡，生活过得恬淡充实。

身边的朋友在这几年纷纷结婚了，间或一两个"剩"下的，常常急不可待、捶胸顿足，把璐璐视为同道中人，约璐璐一起出来喝茶，然后大声抱怨"好男人都死光了"。

璐璐应约，却从不抱怨，只在旁边倾听，心态好得让朋友都羡慕兼奇怪："你怎么一点都不急？是不是不想结婚？"

"没有不想结婚，但找不到合适的，不如不结。"璐璐早就打算好了。婚姻是一辈子的事，可不想在催促和压力中匆匆结掉。看到那些一两个月就闪婚的同学，过不了多久就来抱怨"识人不慧"，璐璐都会暗自庆幸自己"没有屈从于压力"。在还没遇到那个人之前，璐璐就把时间用在提升自我上。

　　女生对婚姻都是期待的，璐璐的想法也很实在：我需要一个愿意提升自我的男生，而这样的男生，应该也需要一个不断提升自我的女生。与其抓狂地等待，不如把时间花在读书这样的事情上，当你提升了自我，也许就会遇到这样的男生。参加研究生考试，参加注会考试，还有参加各种的培训以及阅读各种各样的书籍，构成了璐璐现在的生活主旋律。

　　璐璐和我们身边的许多女伴一样，一份安定的工作，一个简单的生活，可相处久了，也会发觉她的不同。她觉得自己一个人花钱没节制，于是按揭了一套房子，自己还贷，让生活有点压力，她不急躁，不激进，总是轻松地笑，感觉精神上很充实。

　　我们经历感情磨难的过程，其实也是成长的过程。如此，才能成熟地看待感情，不再盲目，不再冲动，不再被动，不再软弱，不再极端，不再虚伪……其实一生中，真正能对你不离不弃的，是你自己。

　　如果，一个男人对你说喜欢你，相信他。如果，他说不再爱你，也相信他。任何时候，要告诉自己，一个不爱你的人离开，绝对是一种幸运。

　　永远不要无休止地围着你喜欢的那个男人转，尽管你喜欢他到快要掏心掏肺地死掉了，也还是要学着给他空间，否则，你要小心，缠得太紧，勒死他了。

　　一个人去看电影，买爆米花和可乐，笑翻天，或者泪流满面。如果你喜欢体育，就去看足球，没人管你，但是很轻松和畅快。

　　闲情的时候自己煮花茶或者做茶点吃，放一段柔情音乐，翻阅几页好书，然后睡个懒觉，快哉！再郁闷也不要去泡酒吧，一个孤独的女子，手握高脚杯或者抽烟，会更添寂寞与忧伤。如果有可能尽量留长头发，短发确实打理起来容易一些，但始终少了些女人味。

认真对待你的工作，工作也许不如爱情来得让你心跳，但至少能保证你有饭吃，有房子住，而不确定的爱情给不了这些，所以，认真努力地工作。你可以喜欢一个男人，但是不要把自己的全部都赔进去，没有男人值得你用生命去讨好。你若不爱自己，怎么能让别人爱你？

从现在开始聪明一点，不要问他想不想你，爱不爱你，他要想你或者爱你，自然会对你说，但是从你嘴里说出来，他会很骄傲和不在乎你。如果，喜欢一个人，在允许的情况下，告诉对方，也许得不到答案，但至少你努力过，将来不必后悔。告诉自己，相信自己，女人也可以潇洒地活着，钱可以大把地为自己花着。不用死死等待那个心四处流浪的男人。更不必去烦恼，去悔恨。

聪明的女人都非常自信，活得潇洒，这份自信和潇洒来自她们的自强不息。千万别相信什么女子无才便是德，即便你和他是同学，他的事业如日中天，你也要在自己的领域中有所成就，不然，这可怕的剪刀差会真的让你们偶然相对时无话可说。

聪明的女人大都非常靓丽，或者光彩夺目。她们不会因家务捆住手脚，也不会因柴米油盐沾染小市民俗气，她们将跟着时代的潮流，不断更新自己头脑中的知识，不断充实自己优雅气质的内涵，不断保持着自身独有的魅力，这是一种让男人心动、惊喜、骄傲、引以为荣的靓丽。聪明的女人，会精心地呵护自己的幸福，会避开可以避免的烦恼，她们享受青春，让自己过得潇洒，她们享受蓬勃的生命力带来的那个永远崭新的世界。

第二章
做一个有品位的知性女人

　　要想使你的生活有仪式感，就要修炼自己的品质，丰富自己的素养，提升我们的生活品位，体会那种知识女性的优雅、知性，享受到那份"采菊东篱下，悠然见南山"的悠然自得。

提升品位，不是贵族也能高贵

聪明的女人会通过学习，来提升自己，或许她没有 LV 的手包、香奈儿的香水，但是她就是有一种独特的味道，让你觉得她美丽而且高贵。

聪明的女人有令人醉倒的韵味。那是一种从骨子里飘出来的味道，神秘的，诱惑的，缓缓地，没有定势，没有形状，慢慢地在空气里萦绕绽放，挡不住的魅力扑面而来……韵味之于女人就像香味之于鲜花，清辉之于明月，所以做女人一定要有韵味。

聪明的女人有万般柔情惹相思的一种柔味。温柔是一种情怀，温柔的女人用深沉的爱对待亲人，对待朋友，即便是陌生人，她也能有礼貌友善的相处，和蔼的神情，亲切的话语，如同天然甘泉般沁人心脾。温柔的女人是一朵清新淡雅的花，在细碎的呢喃中越发娇艳欲滴，暗香长留！

聪明的女人有一种甜而不腻让人爱的甜味。女人天生属甜的，甜食对女人的诱惑天知道有多大，有人说有甜味的女人才是真正的女人，她们继承了女人恒久不变的共性，爱美，虚荣，懦弱，温柔，可爱。不过，甜味的女人自然是可爱的。

聪明的女人有一种人比花娇惹人怜的娇味。哪个男人不喜欢"人比花娇"的女人呢？娇柔从来是女人的必杀绝技，美丽的脸蛋可以拥有一时，不能拥有一世，娇真的秉性却能助你心态永葆年轻、魅力不减当年。做个娇柔妩媚的女人，你还在等什么呢？

聪明的女人有一种岁月沉淀出来的雅味。优雅女人像钻石，历久弥新；优雅的女人像清茶，品位过后，才知回味无穷；优雅的女人又如那林间的青竹，亭亭玉立，即使是身着一袭布衣，亦高贵脱俗。每当有人用"优雅"这个词赞美自己的时候，女人们一定会心花怒放。毋庸置疑，女人爱优雅，优雅是所有女人一生都追求的东西。

聪明的女人有一种羞答答的玫瑰悄悄地开的羞味。女人羞涩是一种美，是一种特有的魅力。羞涩，是女性独具的特色，是特有的风韵和美色。诚然，男性也会有羞涩，然而更多的、更频繁的、更鲜艳迷人的羞涩，却总爱浮现在女人脸上。女人脸上羞涩的阵阵红晕，就是世界上最美丽的花朵。

聪明的女人有一种暗香浮动醉人心的香味。还记得那句曾打动无数女人心的广告语吗？"香水是女人的第二层肌肤。"女人若有似无的香味变幻莫测，超越全身化妆和服饰，可以给人留下深刻的第一印象，令人久久不能忘怀。隐隐约约飘散着的香气，正是衬托出女性魅力的无形装饰品。

聪明的女人有一种成熟让她如此魅力的熟味。成熟女人懂得主宰自己的生活，经营自己的美丽。率性而为，打造自己的梦想，敢做敢当，承担自己的愿望。成熟的女人，用一颗平和的心，看远处的风，远去的云，远去的似水流年。对男人而言，一个成熟、有味道的女人，无疑是具有非凡的魅力的，所有男人都无法让她走出自己的视线。

聪明的女人有一种比情调女人更有滋味的情味。什么是情调？对妖娆妩媚的女人来说，情调也许是一句话，一个眼神，一个表情，一个细微的动作，情调还应该是一种精神状态，它是由内而外散发出来的一股魔力。就像婀娜多姿的柳枝，又像挥发在空气中的精油，芳香迷人，沁人心脾。女人有了如此的情调，怎能不让男人迷醉。

聪明的女人有一种源自心灵的爱味。有爱心的女人是善良的、仁慈的、宽厚的。她们有一颗水晶般的心。她们是良友，是孝子，是贤妻。女人有爱心，方能爱味长留，温柔幽远！

但是，最终要的，聪明的女人有着良好的品位——非凡的品位最诱人。所有的女人都喜欢别人夸自己有品位。因为在品位装点下的女人，如同百花齐放，姿态各异。可以清淡如菊，或者高雅似兰；可以是百合的馥郁，或者是蔷薇的倔强……每一个有品位的女人就是一朵独一无二的花，愈是品位非凡就越加珍贵，愈加有魅力，愈加地让男人沉醉。

聪明的女人懂得，女人或者没有华丽的衣衫和丰厚的家庭背景，但是她们知道非凡的品位会带领她们走进那座美丽的宫殿，成为高贵的公主。

小仲马的《茶花女》中的主子爱上女仆，只因为身为女仆的那个女人气质高贵而又有十足的女人味。这种女人往往会给男人生活信心和勇气，因为她们生命里潜存着一种净化男人心灵、激励男人斗志的人性魅力。

聪明的女人会做到不媚俗、不盲从、不虚华，自然少不了要有这种让男人倍加欣赏的高贵气质聪明的女人知道女人的高贵并非指的是一定要出身豪门或者本身所处的地位如何显赫，这里的高贵是指心态上的高贵。男人最反感放荡轻浮、心态猥琐的女人。生活中男人可以是女人的护花使者，但女人本身要给男人提供一种信心——这种信心就是让男人放心，而且乐意为你托付爱。

女人拥有了品位，便获得了感染、影响他人的人格力量。品位女人的言谈举止给人一种如沐春风、如饮甘泉的感觉。品位和魅力是女人永远美丽的法宝。在熙熙攘攘的人群中，总有那么一种女人光彩照人，一闪而过时总会让人久久回眸，难以忘记。那一举手、一顿足总是惹人注目，与众不同，这就是品位的魅力。

品位是一个女人的含金量，是由外在的漂亮上升到内在美的必要条件，一个没有品位的女人可以漂亮但绝不会美丽。品位是生命炫目的花朵，绽开在自信人生的枝头，随四季轮回，花开不败，香袭魂魄。

书，是女人一生最美的点缀

爱读书的女人，走到那里都是一道美丽的风景。她可能貌不惊人，但她有一种与众不同的气质：幽雅的谈吐、清丽的形象给她带来出水芙蓉的仪态，静时凝重、动时优雅、坐时端庄、行时洒脱，将天然的质朴与含蓄交融，有水一样的柔软、风一样的迷人、花一样的绚丽。

喜欢读书的女人都有一种特别迷人的味道。在午后的阳光里，一个秀丽的身影，安静而淡雅坐那里，用纤长的手指翻动书面，外界所有的一切包括时间，都在指尖流动，这样的画面是一种生活的情调，一种惬意的人生。

读过足够多的书的女人，会变的优秀而坚强。她不一定有高学历，但一定有高的文化修养，因而在为人处世时知书达理，冷静而善解人意。经常读书的人，一眼就能从人群中分辨出来，因为她们身上有一种从容、得体的气度。经常读书的人，不会人云亦云、信口雌黄，而是言必有据的合理推导出每一个结论。

喜欢读书的女人更有女人味，是书给了她底气，读书的女人绝不会失去温柔，相反，书会让她懂得怎样才是真正的温柔，让她更懂得并珍惜美好的情感包括亲情、友情、爱情。书赐予女人文化味和书卷气，让她变得温文尔雅但不失朴素。书让女人明白，为人的真正本质是什么。

喜欢读书的女人，懂得怎样才是真正的美丽，她不会把自己的脸画成面具，用层层粉黛来掩饰生命的真实和美的本质。她也不会把自己的身体当成商店的模特，用珠光宝气的世俗来粉饰天然的风韵。

读书的女人懂得，衣物和装饰品不过是哗众取宠的点缀，而书籍才是最好的饰品，能够给她率真的自然之美、厚重的典雅之味。读书的女人即使是衣着朴素，素面朝天，在花团簇锦浓妆艳抹的女人中间，也掩盖不住自己的独特，是气质和修养、是浑身流溢的书卷味，让她鹤立鸡群。

男人对读书的女人是敬畏的，因为读书的女人是很难"征服"的，她会平视强大的男人世界，认为自己和所有人站在同一高度，她甚至不屑于俯视一眼男人的自恃强壮。读书的女人对爱情的渴望，是智慧与智慧的互相征服，是心灵与心灵的交汇，是美与美的碰撞。

那些能够长期、有效吸引住有思想和内涵的男人的女人，凭借的不是美丽的外表，而是高雅的气质、纯洁的心灵、独立的思想。聪明的女人让自己更出色，不是在外表上下功夫，而是让书籍来为自己增添女人的魅力。

书，能给女人的生活增加光彩；能给女人的思想指路引航；能帮助女人塑造独立的人格；能督促女人净化孤傲的灵魂。书，使女人变得睿智与坦荡，女人在读书的过程中修德养性、提升自我。吃山珍海味是一种物欲的享受，而读一本好书则是一种精神的享受，前者只能饱一时口福，过后没有任何意义，而后者会使你终身受益无穷。

在坎坷的人生道路上跋涉，任何人都可能寂寞迷茫，甚至找不到生活的出路，看不到前程的光明，在一个人对人生对生命失去了追逐的目标时，不妨选择了书，让书籍带领我们脱离纷扰的现实，步入人类的精神殿堂。让引人入胜、曲折离奇的故事消除我们的孤独与落寞感。

读书的女人，让人记住的不是她的身材她的脸，更不是她的衣着，而是她的文采、才情、风韵和智慧，是她说出来的话写出来的文章做出来的事。读书的女人，是一道不事张扬的风景，在平淡中写满了人生的真谛，让人回味无穷。

读书还能够遮掩女人外在的很多缺陷。

有这样一个女人，长相连一般都算不上，皮肤粗糙而有斑点，身材也不匀称，按照现在的审美标准，她可以说和美丽无缘。

然而书香世家的出身，使得她从小就在做老师的父母熏陶下，读遍中外名著。即使长得并不漂亮，但走在女人中间，却格外引人注目。

"腹有诗书气自华"，这句话对她再合适不过。跟她说话时总能感到神清气爽，俗气全无.跟她交往常使人了无城府，阳光灿烂。在朋友眼里，她就是最有女人魅力的人。

由此可见，魅力可以和美丽无缘，是书籍成为二者之间的绝缘体。

　　读书的女人，沉浸在书籍的世界里时就会忘记现实中的琐事和苦恼。所谓"莲花瓣瓣飘心香，书卷叶叶展忧愁"，读书的女人，有着比别人更多的大气和潇洒，而不会被烦琐的世事说困扰。就像三毛所写："但觉风过群山，花飞满天，内心安宁明净却又饱满。"

　　读书的女人，对爱的理解更深、追求更高。她们渴望得到永恒的真爱，因为追求爱的独立和真，经常会被世俗的爱冷落，然而读书的女人拥有坚强和期待，她们会用自己的一生去追寻，等候属于自己的那一份。而事实上，她们往往更容易得到这种爱。因为她们的坚定和从容。

　　毋庸讳言，没有知识就会让人变得无知、粗俗，聪明的女人懂得用书籍来充实自己的人生，用修养来延续自己的青春。因为她们知道，貌若天仙的长相会随着时光的流逝而老去，华贵时髦的服饰会随着时尚的发展而被淘汰，即使可以用粉黛来掩盖岁月的沧桑，但却无法遮掩自己的浅薄。

　　读书对于女人而言，是一种生命要素，是一种生存方式。聪明的女人懂得保持生命内在的美丽，她们把书籍当成自己经久耐用的时装和化妆品。在书籍的滋养下，女人们变得聪慧、坚韧、成熟。罗曼·罗兰如是说："和书籍生活在一起，永远不会叹息"。

有内涵的你，是世间永不消散的香气

　　浅薄的女人只会让人一览无余，而有内涵的女人却能够让人仔细品位，回味无穷。

有一种女人，年少的时候并不美，她像一块平平无奇的鹅卵石，陪衬着光彩夺目的名玉。可是随着时光流逝，她褪去了青涩，过滤掉渣滓，留下来的是云清月朗的本质。这种女人便是有内涵的女人。比如，年轻时候相貌并不出众但慢慢散发出韵味的张曼玉，充满知性和优雅的主持人吴小莉。

有人曾经形容女性：女人如花，千娇百媚！花有百媚千红，女子则有风情万种。花与女人，有着很深的渊源，女人爱花，怜花，有花的地方定有女人。诗仙李白曾这样描述女性：越王勾践破吴归，义士还乡尽锦衣。宫女如花满春殿，只今唯有鹧鸪飞。

有些女性的外表并不漂亮，也算不上天生丽质，但她们的举止十分得体优雅，举手投足，或一颦一笑都让人赏心悦目。其实女人并不需要优雅的装扮，有涵养三分漂亮可增加到七分。

台湾著名歌手吴佩慈拥有令人羡慕的身材和演艺条件，在当红的时候重新考研，让人折服。看来，女人拥有内涵比外在美更重要，女人可以不美丽，但一定要有内涵。

做有内涵的女人，仪态端庄，举止优雅，言谈自信幽默，气质超俗不凡。有内涵的女人，也可以是慵懒的。女人不能没有来自内心的美丽，女人的美要用心栽培，散发出持久的馨香。

女人的内在气质，是从骨子里流露出来的风度品位，是女人行走的步态，端坐的身姿，甚至一个眼神的流露，心态的从容。

女人要时时绽放光芒，因为这种光芒，会使平庸的外表，简朴的衣着升华起来，让人看到美。

时间可以扫去女人青春的红颜，却扫不去女人经历岁月的积淀之后，才焕发出来的美丽。这份真正的美丽就是女人的内涵、修养与智慧，她就像秋天里弥漫的果香一样，由内而外地散发出来。

内涵、修养与智慧是女人一种简单纯净平衡的心态。一个有内涵的女人是对人生感悟的一种平衡，它是中国文化的自身修养。是在淡薄世事之后，才会洞明凡尘，是在清心内收之时，才会高瞻远瞩。

一个有修养的女人不会随岁月的流逝而失光泽，却会越发显得耀眼迷人。智慧是女人美丽不可缺少的养分，是充满自信的干练，是情感丰盈的独立，是在得到与失去之间心理的平衡。

内涵、修养与智慧将使女人在一生中都会散发出无穷的魅力。是一生取之不尽的巨大财富。是伴随你一生永远亮丽的风景线。

作为女人，你要笑看岁月的逝去，即使青丝变白发，也要从容面对，去追求自己生活的乐趣，哪怕自己的身心一次次受伤，哪怕自己的生活一次次受挫，让我们的宽容更加呈现出经历沧桑之后变得依然美丽，更显示出成熟女人内涵、修养与智慧，让自己青春永驻。

女人，如果想要让幸福与快乐永远伴随自己一生。那就要学会去打造属于自己的内涵，这就需要你做到以下几点：

第一，多看点书。莎士比亚说过："书籍是全世界的营养品，生活里没有书籍就好像没有阳光，智慧里没有书籍就好像鸟儿没有翅膀。"女人一定要爱读书，以一些高尚的人交朋友。

例如：列夫托尔斯泰、莎士比亚、罗曼·罗兰、巴金、钱钟书、三毛等，在他们的作品中寻找生命的价值和真谛，你难道就没有发现你获得了人生的充实和安宁吗？就像著名作家王玉君说过："世界有十分色彩，如果没有女人，世界将失去七分色彩。

如果没有读书的女人，色彩将失去七分的内蕴。爱读书的女人美的别致，她不是鲜花，不是美酒，她只是一杯散发着幽幽香气的淡淡清茶。"

第二，多听音乐。音乐让美有了声音，让心灵得到安静或激发。如果女性生活中能多点音乐，那么她的生活一定就能多点精彩。

第三，及时给自己升值，跟上时代步伐。苏东坡有句千古名言"腹有诗书气自华"，当今社会，随时"升值"是很必要的。不耻下问绝对是美德，不要担心向比自己年龄小的人请教是很丢面子的事情。

和不同年龄层的人接触才能知道各种信息。很多父母会抱怨儿女不和自己交流，反省一下就不难发现，孩子的思想领域、兴趣爱好你了解吗，他和你说《中国好声音》你目瞪口呆，和你谈《创造营2019》你瞠目结舌，时间长了自然他就不说了，对牛弹琴的傻事谁会去做？

第四，广泛的知识面是人际关系的开始。涉猎知识最忌单一，只要不是特别抵触的活动应该学着参与。各种知识不用太精，略知一二即可，这样才能让自己和周围的人更好地交流，更多地了解。

第五，语言要高雅得体。今天的美女，似乎早把"出口成脏"当成了时尚，随心所欲，旁若无人。如果不是处在青春期懵懂、叛逆的孩子，请在想发泄的时候找对场所和对象。记住，"出口成脏"不是时尚。

第六，不做琐碎的是非女人。婆媳关系、夫妻感情、孩子教育，七大姑八大姨的纷杂人际……这些都只是你的家事，请不要把它们广而告之。把你的喜悦传递给别人，把你的烦恼只选择向真正会为你担忧而不是等着看你笑话的朋友倾诉。

不要加入东家长李家短的是非讨论，女人们在一起其实也有很多有趣的话题：练习瑜伽的裨益；购物、美容的收获；烹饪和家务的心得；旅游的见闻和乐趣……从交流中开阔视野，从交流中放松心情。

第七，再忙也要给一点时间给自己。蓬头垢面、衣服不伦不类，皱皱巴巴，这样的你自己也不爱看吧，何况你的家人和朋友。从爱自己开始，听听喜欢的音乐，做做皮肤护理，看会儿有趣的电视节目，读些感兴趣的书籍。只要自己喜欢就行。

不一定要读旷世名著，也完全没必要附庸风雅，故作高深。即使忙得团团转也做个干净利落的女主人，而不要让别人误认为是家里的保姆。提高生活的品质和品位，没有质量的日子只会让人面目全非。

一定要相信，美貌的女人不一定是美丽的，但是有内涵的女人一定是最美丽的。

甘于寂寞，在平淡中酝酿幸福

不以物喜，不以己悲，保持一份平淡，保持一份平和，保持一份从容，这样的人生一定会平实而恬静。平平淡淡过一生，平平淡淡才是真！

《世说新语》中有"割席而坐"的故事。说管宁和华歆是同学，两人在园中锄菜，看见地上有一小块黄金，管宁挥锄不停，如同瓦砾视若无睹。华歆却将金子拾起来，仔细看过之后才扔掉它。

有一天，他们在席上读书。一个乘坐华丽车子的官员从门前经过，管宁读书如常没有变化，而华歆却把书放下来跑出去看热闹。

于是，管宁就把两人坐在一起的席子割开分坐，对华歆说："子非吾友也。"这个华歆就是不甘寂寞的人。而金钱、地位，说来，都是人们不甘寂寞的毒药。

大凡贪官，都是不甘寂寞，看见别人挥金如土、奢侈靡费，觉得自己这一生不该寂寂无声，也想有声有色才对，所以走向堕落。每一次的铤而走险都沾沾自喜，最后到无法收拾的地步。等到身陷囹圄，才发觉自己毁在不甘寂寞的心态上。前尘如梦，可是这时候后悔已经迟了。

那种耐得住寂寞的人也有，但不多。比如，美国的华盛顿，做了两任总统，就再也不愿承担这种荣誉，法国的戴高乐，也是主动退出。甘于急流勇退的人，才是聪明的。

因为一个人的鼎盛时期只有一个，无论你有多么了不起和突出，你总会走过人生的巅峰。过了这个阶段，人就不可避免地要走下坡路，就像月亮的阴晴圆缺，事物的起承转合，这是大自然的规律。谁也无法违背。

寂寞，实际上也是一种蓄势。猛兽在捕猎之前，都要静悄悄地占据一个有利地形，然后耐心地等待最合适的时机，才能一蹴而就。寂寞是一种内敛的品质，这样的品质，需要极大的智慧和定力，才能约束自己的心灵，不被喧嚣的俗物所污浊。总得要经历过一些人世沧桑，看透世事迷局，才能有这样的心态和作为。

多看书，多一些独立的思想，多体验一下寂寞，人生的真谛，实际就是隐藏在极为平凡的事物中间。人一生最难忍受的是寂寞，而忍受了寂寞，便远离了名利的诱惑，尘世的纷争，把烦恼抛在脑后，使自己拥有属于自己的那一片自由的天空。

现代社会离婚率越来越高，今天结婚明天就离婚的事情也时有发生，让人不禁迷茫起来：社会进步，生活节奏加快，难道感情的离合速度也加快？

现在的人生活越来越丰富，其实诱惑也就越来越多。很多人成家后耐不住家庭生活的平淡，耐不住外面的诱惑，总想寻求刺激，灯红酒绿，醉生梦死，于是就造成越来越多的家庭破裂。

所以要守住家，就要甘于平淡！一个完整的家，是需要夫妻双方共同经营的，而不是单方面的付出。家庭生活不但琐碎如一地鸡毛，而且平淡得就像白开水，可白开水才是最有益于健康的啊。

外面的诱惑或许如酒一样令人沉醉，喝多了毕竟会伤害身体，有时甚至致命。人可以缺少酒，可却绝对缺少不了白开水。

还是甘于平淡吧，平淡的生活才是最真的。既然有缘结合在一起，就好好珍惜，外面的世界很精彩，可外面的世界也很无奈，不要因小失大，捡了芝麻丢了西瓜，家才是我们最可靠的港湾！

人活着不容易，而要保持平淡的心境则更难。在漫漫的人生旅程中，我们会遇到许许多多的坎坷，遭受方方面面的挫折，迂回曲折地走过无尽的路途。

当你曾经相知相惜的挚友，突然有一天翻脸离你而去的时候；当你生命中最爱的人在一夜之间成了别人的最爱的时候；当你渴望成为同辈中的佼佼者，但事与愿违，机遇总与你擦肩而过。你或许会忧郁惆怅，你会愤愤不平，总认为上帝对你不公。

其实，所有人在上帝面前都是平等的。人生的许多困扰和烦恼都源于自己。人生原本很平淡，生命的过程，本来也是一个平淡的过程。然而，人生的确有太多的诱惑，亦真亦假亦幻，令人难以取舍。正如地球都是由细小尘埃组成一样，平凡和琐碎才构成了生命的永恒！飞扬只不过是惊鸿一瞥，昙花一现。

人生的点点滴滴，都是始于平淡，终于平淡，平淡才是人生的真正况味。然而芸芸众生，有多少人能真正享受到这种远在天边，近在眼前的况味呢？如果你想活得辉煌，你就得活得痛苦些；如果你想活得随意，你就会活得快乐些。生活本身就是平淡的，花开花落，云卷云舒，花未动，云也未动，只是心在动。

如果我们都以花开花落的平常心态，对个人的荣辱得失泰然处之，做到自然而不牵强，自重而不炫耀，自信而不傲慢，自强而不失谦逊，这是何等的境界！

诚然，追求平淡，并不意味着无所作为，而是顺其自然。倘若你有足够的实力，不妨用实力创造机遇，你一样能为自己书写历史。如果你既没有实力，又没有能力，更没有机遇，那么，你最好对名利看淡一些。因为光艳是人生的一种色调，平淡是人生的一种感觉。功名利禄，都是身外之物，过眼云烟，我们大可不必沉湎于痛苦与不平之中。淡泊明志，宁静致远，才是生活的主旋律。

"曾经在幽幽暗暗反反复复中追问，才知道平平淡淡从从容容是最真。"这句《再回首》中的歌词，给人生的天幕上陡然抹上了一曲天籁之音：平淡是真。它是人在经历了人生驿路的大喜大悲之后的心灵顿悟，是心灵顿悟后的绝唱。

不要拒绝平淡，平淡是人生的一道风景；平淡会使你坚守自我，平淡会使你宠辱不惊；平淡会使你在每越过一道人生障碍时，就会见到绿野一片；平淡会使你对待逆境就像对待成功一样从容；平淡会使你对待死亡会有一种拈花微笑般的超然。

平淡的日子里没有故事，否则，平淡的日子就会褪色；平淡的日子里没有童话，唯此，平淡的日子才会隽永。

宁静致远，淡泊明志，都是极高远的心态。但是耐不住寂寞，就不会有这样的境界。曾经怀疑，世上是否真有经得住寂寞的人。越是伟大的人，越是对寂寞充满恐惧。寂寞的恐惧，当然不是致命的毒药，但是它的后果，依然使人难以抵御。

正视寂寞，寂寞了也无所谓。不要畏惧，不要逃避，不要以表面的欢乐掩饰内心的流泪，不要把自己的寂寞强加于他人。接受了寂寞，就有了平和的心境，就会体验到人与人之间的远近，发觉到人生而为人的依据，捕捉到世界的本来意义。而真正的甘于寂寞，你就从别人的眼里走出来，生活在自己的心里，成为你自己。

保持健康的心态要有平常心，世间万物的存在和发展都有其必然的规律。有些东西是我们能够通过自身的努力改变的，有些是怎么也改变不了的。

正视这些，接受这些，享受这些才能让人快乐。切忌以下几点：贪婪、嫉妒、懒惰、自卑。拥有阳光般的心，就会拥有阳光般的人生。

内外兼美，才是最真的美丽

世上没有一朵相同的花。每个女人都是独一无二的。作为女人，不是因为美丽而可爱，而是因为可爱而美丽。一个聪慧的女人懂得想方设法让自己外表有魅力还不够，还要让自己的内心美丽起来。这就需要学会以下一些方法：

第一，要充满自信。在这个处处充满竞争的社会，那种自怨自艾、柔弱无助的女人已日渐失去市场。男人不再是女人的主宰，女人也早已不是男人的附庸。

"男人追求的极致是成功，女人追求的极致是幸福"的名言也日渐黯然失色。女人学会自我拯救和自我完善永远是最重要的。渴盼男人赐予你幸福永远是被动而不安全的，男人欣赏乐观自信的女人。

这个世界上自强自立的女人多了，男人背负的精神压力就比较小了。而且，一个男人能与一个不仅只满足衣食之安的女人共度人生，生活永远不会陈旧，人生也不会走向退化。

第二，要学会高贵。女人的高贵并非指的是一定要出身豪门或者本身所处的地位如何显赫，这里的高贵是指心态上的高贵。生活中男人可以是女人的护花使者，但女人本身要给男人提供一种信心，这种信心就是让男人放心，而且乐意为你付出。

小仲马的《茶花女》中的主子爱上女仆，是因为身为女仆的那个女人气质高贵而又有十足的女人味。这种女人往往会给男人生活的信心和勇气，因为她们生命里潜存着一种净化男人心灵、激励男人斗志的人性魅力。

现代女性要做到不媚俗、不盲从、不虚华，自然少不了要有这种让男人倍加欣赏的高贵气质。

第三，要善意通达。在这个年代，男人不再习惯于固定在一个小小的居室之中，这样女人更应该学会调适自己，不要一味地为情所困，以至于让感情取代了生活的全部。

聪明乐观的女人往往能尝试着让自己的心灵变得通达起来,让爱在一种平淡中走向坚固和永恒。

有些女人从一开始就把自己摆到一个乞求感情的地位上,悲剧的根源往往就在这里,你对自己都不自信,别人怎么看重你?男人也往往就是这样,你过于看重他,也就是昭示他可以轻而易举地主宰你的感情和幸福了!在这一点上你首先就输了。

因此,感情是最在乎尊重和平等的。不用说,通达的女人,男人自然会感到她的可爱。因为男人爱上一个女人的同时,并不希望在爱的约束下丧失自己的一方世界,男人在乎爱情的默契、宽容和理解。因为这种爱不至于阻止男人身心释放地闯荡人生。毕竟,在男人的眼里,爱情并不能代表人生的全部。

第四,做事要有主见。女人往往容易感情胜过理智,对待友情、事业、婚姻也是如此,这是阻碍女人发展的致命弱点。站在现实的根基上能够清醒地审视自己有主见的女人,也不失为男人眼中可爱的女人。

一个女人要想完全做到以上几点,虽然不是一件容易的事,但是,只要做到了其中任何一点或更多一点,在男人眼里,你就不失为一个可爱的女人。

可是要想让自己成为一个现代生活中幸福、可爱的女人,就要让自己尽可能多地达到以下条件:

一是十分热情:做女人一定要有热情,这是作为女人的一个重要法宝。

二是九分独立:现代的女人不但要有一份独立的工作,还要有独立的人格。

三是八分智慧：女人一定不要太聪明，因为太聪明的女人让人害怕。所以，女人最好是在聪明里带一点点傻气。

四是七分灵气：女人的虚荣心有目共睹。假如你聪明的话，这件事就比较好办。

五是六分浪漫：都说浪漫是女人的天性，其实未必。大部分女人的浪漫其实只是孩子气般来点任性或使点挑剔。假如一个女人到了60岁还能挽着老伴儿的胳膊去散步，这才是真浪漫。

六是五个工作日：千万不要羡慕阔太太，她们整天待在家里养尊处优。女人要像男人一样有事做，有事做的女人才有朝气。

一个女人最大的幸福是什么呢？那就是找到了自己所爱的人。假如你已经获得了这份幸福的话，就一定要去珍惜它。

好的气质，让一个女人美到极致

一个优秀的女人，除了要有动人的外貌，还要有不俗的气质，否则就很可能沦为"花瓶"。如果女人只是靠化妆或服饰来装扮外表，那么她的生命必将失去许多珍贵的色彩。只有散发着迷人气质的女人，才可能拥有色彩斑斓的天地。

无论时光飘零多少年，奥黛丽·赫本在银幕上光彩夺目的形象都将被定格在光影深处，她是如此的美丽，高贵而优雅；她的心灵美得不染一丝尘埃。

晚年的赫本洗尽铅华，作为联合国的亲善大使投入慈善与救助活动中，这更让人有理由相信她来自另一个更美好更纯洁的世界。赫本的儿子肖恩索在评价母亲时说，她的美源自内心。

　　女人的气质犹如花之魂，水之韵，松之魄，无形无影，很难用语言来形容。当天赋的容颜随着岁月的流逝，成为一道曾经的风景，当无情的岁月在那张如花般的容颜上留下岁月沧桑的痕迹，我们只有依靠生命中最本质的内容，气质，来证明自己依旧美丽。

　　一个有气质的女人，就如同是一口干枯多年的枯井，一下子涌现出了源源不断的泉水一般，立显灵气。一个女人只要有了气质，就会变得神采奕奕，明眸顾盼，楚楚动人。而美丽的容貌，也只能如一朵花儿一般，总有凋谢之时。人的气质所带来美感，却是与日俱增的，它不会因时间的流逝而消失；相反的，总是会随时随地地自然流露。

　　其实，每个女人都有自己的气质，如同各种各样的花有各种各样的味道。聪明的女人知道，气质蕴藏在差异之中，只有不断创新，才能拥有与众不同的韵味。

　　因此，不管你是白领还是蓝领，不管你是已为人妻还是待字闺中，作为女人的你，永远要记住，凡事有度、矜持，要保留作为女人的你特有的气质：温柔、高雅、聪慧，这样的你才会给他人带来一种清新、温暖、恬淡的气氛。而女人的气质也是有高下之分的。

　　第一，天真的气质。天真的气质可以让女人像泉水一样淳朴清澈，拥有天真气质的女人目光如同涓涓细流，澄澈而晶莹。在她们的世界里，美好是生命中最重要的追求，真诚和善良是最自然、最本质的要求。拥有天真气质的女人有着让人怜爱、让人保护的冲动，这就是天真的杀伤力。

　　第二，成熟的气质。当岁月无情地飞逝，年龄和阅历都随着时间急驰的脚步增长，这时你会发现，原本天真的气质已不再，而成熟的气质开始慢慢生根发芽。此时才开始明白，付出真诚未必就能收获真诚，得到的也许是伤心的泪滴。

成熟的气质，使女人变得老练、精干、稳重、果断，足以担负起生活和工作中的重担。当然，成熟的气质中并不排除天真，仍然可以看到天真的影子。成熟只是告诉你，什么时候应该纯情似水，什么时候需要含而不露。

第三，独特的气质。美丽女人的气质应该是独特的，与众不同的。当然，这种独特，不是怪癖，不是刻意追求绝尘，高雅。那样，你也许会失掉你本有的纯真，不仅没有了你独特的气质，还会使你变得很庸俗。气质总是属于你自己的，独特的气质，无须外表的装点。气质永远是人内在涵养和外在表现的完美结合。

如今，有很多女性只注意穿着打扮，并不怎么注意自己的气质是否给人以美感。虽然，美丽的容貌、时髦的服饰、精心的打扮，都能给人以美感。但是这种外表的美总是肤浅而短暂的，如同天上的流云，转瞬即逝。如果你是有心人，就会发现，气质给人的美感是不受年龄、服饰和打扮局限的。

气质是一个人真正的魅力所在，它对每个人都有着致命的吸引力。气质是一种内在的人格魅力，它的美首先表现在丰富的内心世界。理想是内心丰富的一个重要方面，因为理想是人生的动力和目标，没有理想的追求，内心空虚贫乏，是谈不上气质美的。

品德是气质美的另一重要方面。为人诚恳，心地善良是不可缺少的。文化修养也在一定程度上影响着人的气质。此外，还要胸襟开阔，内心坦然。

女人的气质是可以辐射的，是具有震撼力的，哪怕是偶然的一次邂逅，几句不经意的交谈，都让人久久回味。女人的气质也是掩饰不住的，虽然女人可以装酷，可以扮嫩，可以故作深沉，可以调笑撒娇，但优雅的气质绝不是故做出来的。

用培养气质来使自己变美的女子，比用服装和打扮来美化自己的女子，要具备更高一层的精神境界。那么，怎样才能修炼出良好的气质呢？接下来就传授你几招：

对别人给予信任和关心，是最具吸引力的气质之一。对别人关心体谅，将会获得相同的回报。别人将会为此种气质而折服。

保持适度的幽默感，一个懂得在适当的场合和适当的时间展露笑容的女人，定能受到别人的欢迎。

举止端庄，充满自信，一个步姿洒脱、意气风发、充满自信的女性，最能吸引别人。

不要忽视仪表，作为女性，在社交场合，必须注意仪表的端庄整洁。在社交活动时，适当地修饰与打扮是应该的。切忌懒懒散散。

要接受自己的容貌，每一个人在性格或外貌方面，都有独特的气质和优点。懂得如何加以发挥，便可增加吸引力。

不要惧怕显露真实情绪，不论什么样的喜怒哀乐、柔情蜜意，都不应加以隐藏。一个经常压抑、掩藏情绪的女子，会被视为冷漠无情，没有人会喜欢与一座冰山交往。

在交际中，不要自视清高，不能因为别人与自己脾气不同，身份有异，就显示出不耐烦或瞧不起别人的样子。当然也不要因自己的职务、地位不如人家，或长相一般、服饰不佳而过分谦卑。要落落大方，不卑不亢。

不要过于计较，女性在交往中，要心胸开朗，豁然大度，千万别小心眼、小家子气。不要为一点点小事就大动肝火，斤斤计较，甚至在许多场合弄得大家都非常难堪而下不了台，这样会令人讨厌的。

温柔的你，是一缕缠绵的清风

温柔，就像是一缕缠绵的清风，它是上天赐给女人的礼物，它让女人从骨子里散发出一种独特的气质。这种气质无关年龄与外表，它总是从女人的言谈举止间慢慢流淌，就像多年的女儿红历经岁月的沉淀散发出醉人的芳香。

林徽因是中国第一位女性建筑学家，同时也被胡适誉为中国一代才女。她几乎标志了一个时代的颜色。她的魅力、才华、聪明和丰富而含蓄的情感世界，令她一生顶着耀眼的光环。

林徽因身上那种既具有现代独立人格与个性，又不失传统美德的温婉，使她多年来一直是女性美的代表。如今，伊人逝去已半个世纪，我们仍然能从她留下的为数不多的照片中，感受到她独有的温婉清丽。照片中的她更像是一株绝世幽兰，散发着迷人的气息。

一个女人可以不漂亮，也可以不再年轻，但她却不能不温柔。女人的动人之处就在于那如水的柔情，就像再坚硬的石头也会被水滴穿一样，再刚强的男人也会在女人的温柔乡中被融化成水。一个温柔的女人不管在什么地方，都会受到欢迎，都会迎来关注的目光。

在日常生活中，温柔的女性总比一般女性更容易获得快乐与幸福。在男人眼中，女人的形象可以千变万化，但绝对不能没有温柔。不管你是"野蛮女友"还是"性感女神"，你的内心一定是柔软并温和的，因为，只有小鸟依人的温柔女性才是男人心中最完美的女性。

一个幸福的女人，不一定要有天生丽质的外表，也不一定就有过人的智慧，而是要有一份女性特有的温柔。对于女人来说，温柔是一种天然的境界，是一种独特的气质，是女性似水柔情的展现。

《红楼梦》里的贾宝玉，曾说过："女儿是水做的骨肉。"用"水"字来形容女性的柔美，可以说是一语中的。女人如水的温柔，对男人来讲，是一种诱人的美，也是一种将其征服的力量。

一位诗人说："女性向男性进攻，'温柔'常常是最有效的常规武器。"黑格尔在《美学》中也谈道："女人是最懂得感情的，一般来说她们是秀雅温柔和充满爱的魔力的。"

女人的温柔就像一尊美丽的塑像，在她身上你可以读出自信、宽容、幽默、丰厚。女人的温柔是一种无形的力量，它如春风一样吹散人们心上的烦恼与忧愁，然后用快乐和幸福安抚人们的心。

女人的温柔如同一块晶莹剔透的宝石，闪耀着夺目的光芒，照亮了一颗颗冰冷的心。女人的温柔像澄澈透明的小溪，抚慰着亲情之树和爱情之花，让一切都变得欣欣向荣。

女人因为温柔所以可爱，平淡的生活因为女人的温柔所以变得色彩斑斓。假如，你希望自己可以与幸福快乐相伴，那么，就请你用温柔召唤它，它一定会为你倾倒。

温和与柔顺是美妙的，它像水一样流动着并滋润着女人的性情、意识和感觉。只是，在奉献温柔的时候，不要忘记自我，不要忘记一个女人所应当拥有的女性立场。所以，温柔也是一种立场，而不是女人的全部。在生活当中，温柔并不是一味地迁就、顺从，不是不顾尊严的"低眉善目"，更不是"逆来顺受"，而是识大体、顾大局、谈观点、说想法，绝不锋芒毕露、咄咄逼人，而是情理交融、开诚布公。

温柔不是软弱可欺，更不是懦弱可侮。温柔是对待亲人如春风温情柔婉，对待朋友真诚友好儒雅可人，对待凄风雪雨却用柔弱的肩膀义无反顾地挑起生活的重担。坚贞、刚强、持之以恒，同样是一个温柔的女人所具备的品格。现在，很多职场女性的生活就像打仗一样，她们不仅要游走于事业中，还要面对爱情、婚姻的重重捆绑和束缚，所以她们总希望自己变得坚强。

然而，有时把自己变强并不能真正地解决问题。这时就需要女人的温柔，其实，温柔可以成为女人的最好武器，不仅在事业中，也在最让女性苦恼的爱情中。

身为一个女人，你尽可以潇洒、干练，像女强人一样地去工作和生活，但有一点不能少，你必须温柔。女人的温柔是天性，也是女人征服世界的天然武器。女人在表达思想或传递情感时，是不同于男人的，男人可以只用语言或简单干脆的手势，女人往往需要用能表达自己情绪的小动作来让对方有所感知，而这些小动作的外部表征，常常就是温柔。接下来就为你介绍几招能更好表达温柔的方式。

第一，浪漫地表达感情。如今，有些女人不管是面对工作还是学习都主动且积极。与男人相比，她们在各个方面都毫不示弱，这样的女人通常被大家称为"女强人"。

这些女强人在恋爱中也以事业为第一位，很少与男朋友花前月下、卿卿我我，表达感情的方式也比较简单，不善于营造含蓄、浪漫的气氛，使男性感觉不到女性的温柔、朦胧之美。渐渐的便会使得双方感情冷淡，甚至分离。她们不知道作为女人，在工作之外要温其容，柔的声，体现关怀体贴，才能够使男性感到温柔可亲。

第二，懂得适度撒娇。粉面桃花，喁喁低语，是多么令人心动啊！撒娇是女人的独门秘籍。几乎所有女人都会撒娇。但是撒娇应有分寸，还要注意场合。

有的女性十分任性、爱发脾气，遇到一点不顺心的事，动辄大吵大闹，哭哭啼啼，这就不叫撒娇了，确切地说这叫专横刁蛮、不讲道理，难免会使男性产生厌恶之感。

第三，温柔是一种深厚的素养。女性的温柔，是一种亲和力的深深吸引，一种挡不住的魅力。女性的温柔，更是一种深厚的素养。为此，在自己的日常生活中，女性特别要忌怒、忌狂，讲究语言美，把那些影响温柔发挥的不良性情彻底克服掉，让温柔的鲜花为女性的魅力而绽放。

第四，温柔要柔韧有度。女人的温柔，并不是不能出众，好像小家碧玉一样，显得小里小气，见不得人，没有一点见识。温柔也不是柔弱，丧失了自己独立的人格和独立的个性。

那种笑不露齿、行不动裙、言不高声、逆来顺受的女性只是封建主义的奴役，并非女性之美德。女性的温柔是柔中有刚，柔韧有度，那高雅的情趣、落落大方的气度、文雅谦和的谈吐，无不显现出女性的柔媚可爱，这些，才是女性真正的温柔之美。

第五，拒绝要委婉得体当。一些在恋爱中由于羞怯或是感情尚未达到一定程度的女人，在遇到男方过于亲昵的举动或要求时，由于不愿接受，或者接受时过于被动勉强，或者干脆起身而坐。

这些"不顺从"的表现，也会被男士认为不温柔，这种情况应委婉处之，尽量不待在僻静处，或者找一些其他话题，避免不必要的尴尬。

第六，丰富而细腻的性格。一般情况下，女人的温柔表现在：谦和恭敬、善解人意、温文尔雅、宽容大度。温柔的女人不仅有纤细、含蓄、温顺等方面的表现，还有深沉、缠绵、热烈、纯情等方面的流露。

然而，有些不太懂得如何温柔的女人，她们粗犷、豪放，有着与男人一样的性格。这样的女人感情不够丰富细腻，举止有欠斯文，说话则粗声大气，动作也有失沉稳，很容易让男人心生厌恶。

知性，是一个女人最完美的气质

知性和阅读有关，对书的钟爱，能让女人收获思想，收获人生感悟。知性和年龄有关，时间的积淀使得女人独具沧桑的魅力。知性和阅历有关，看遍了花开花落云卷云舒才体味到人生的真谛。知性的女人是一个女人气质的完美体现。

卡耐基认为，最具魅力的女人是这样的：她们聪明慧黠，人情练达，超越了普通女孩子的天真稚嫩，也不同于女强人的咄咄逼人，在她们身上流露出的是柔和的知性魅力。他推崇的这种女人，就叫知性女人。

那么什么是知性呢？词典中这样解释——知性是指主体自我对感性对象进行思维，把特殊的、没有联系的感性对象加以综合，并且联结成为有规律的自然科学知识的一种先天的认识能力。

这里的解释有些晦涩，生活中的知性，指的是女性内在文化涵养的自然外化的气质。可以这样理解，知性是女人天生的感性、加上阅历、再加上善于思考、还要懂得装扮自己等种种因素共同作用下的气质。

就像一句广告语所说的，知性女人有内涵，有主张。知性女人颇具灵性，而且"智勇双全"，她无视岁月对容貌的侵蚀，但并不是束手就擒，而是用智慧的头脑把自己打扮得精致而品位高尚。

知性女人的前提是知识，一个没有知识的女人是无法成为一个知性女人的，但知识仅仅是知性的一个重要基础，并不是必要条件。生活中有很多受过高等教育的知识女性，但并不是所有的人都能成为知性女人。那些读死书却言语无味，而且形象邋遢的女人，那些虽知书达理，却只认死理、生硬刻板的女人都不能称之为知性女人。

知性首先和阅读有关，通过书籍，女人收获思想，收获人生感悟，站在书籍的肩膀上，女人拥有了观察世界的从容，更聪明而富有智慧地面对人生。

知性女人最吸引人的地方是懂得生活情趣，她们没有怨妇的牢骚满腹、没有妒妇的醋味熏天、更没有泼妇的死缠乱打。知性女人有趣味而懂风情，会营造生活的浪漫。她们懂得男人，不会让男人尴尬，会给自己心仪和心爱的男人留足面子。她们也会撒娇，给自己的爱情加一点儿调料。知性女人懂得爱的真谛，因而能够出入从容，对自己的爱情收放自如。

　　有一位知识女性，她深爱着自己的丈夫，但是，她爱她丈夫的时候也没有忘记珍爱自己。她的丈夫常年在外经商，但他们的感情十分融洽，从未有过一丝半点的裂缝。

　　有人问："你不担心他在外面寻花问柳吗？"

　　这位女士回答："我和他的爱从来都是平等的。从接受他的爱那天起，我就给了他信任，我爱他但不苛求他。我希望他成功完美，但我从未把自己的一切抵押在他身上。我担心什么呢？"

有些时候感情这事儿你放开来看，其实恰恰就是一种最好的把握。

知性是一种在时间和阅历中成长起来的内涵，和年龄有关，女人在 30 岁之前，是张扬而单薄的，而在 30 岁之后，是内敛而饱满丰富的。知性女人首先是一个成熟的女人，在度过如欢快奔流的小溪的青春后，知性女人更像宽阔平稳的江河，虽然浪花少了，但积淀多了，韵味足了，时间也许会在她的脸上留下痕迹，但在她的思想上留下的沧桑使得她更让人心仪。

知性和阅历有关，知性同时也是一种积累，不仅仅是知识的积累，更是生活的积累。知性女人洞悉世事，并且人情练达，因此在生活中能够长袖善舞，但却不张狂。

她们洁身自爱，清高却不孤傲。生活的阅历和岁月的磨砺，为她们的自信添加一份从容，为她们的自立中注入一份坚强。她们能够把自己的各种角色扮演到极致，使得平凡的生活因为自己的知性而光彩四溢。

一代才女林徽因是近代史上一个极有韵味的知性女人，她的名声并不是因为徐志摩或者梁思成。而是因为她的才情四溢、她的睿智柔和，还有她的恬淡从容，这些都是天下女人所不及的。

她出生于浙江杭州一个书香世家，十六岁随父亲赴英国留学。后与一代建筑大师梁思成结为夫妇。最可敬的是她还是中国国徽的设计者，曾出任清华大学建筑系教授，是中国第一位女性建筑家。

同时，林徽因在文学上的造诣也是惊人的。她与闻一多创办《学文》，担任朱光潜主编的《文学杂志》编委。她的那首《你是人间四月天》的诗，优美的意境和纯净的内容，令多少人为之痴迷。正是林徽因的知性，使得她成为女性的偶像。

知性女人充满了灵性和弹性。灵性是指女性的天赋，有灵性的女人，能够善解人意，对事物的真谛有独特的领悟能力；弹性是指女性的性格张力，有弹性的女人，性格柔韧，能够在妥协中坚持，在坚持中成功。

一个知性女人是灵性与弹性的统一。她们心思灵巧，聪慧而睿智，不固执己见，容易沟通和交流，而且善于把原则性与灵活性相结合，宽容地待人接物。

著名的节目主持人杨澜，曾任阳光文化公司主席，曾是央视最受欢迎主持人之一，她出国念书，加盟凤凰卫视，制作《杨澜访谈录》，出任北京申奥大使，出任香港上市公司阳光文化公司主席，创办阳光卫视……"当年我一心想做个文化商人，如今我更愿意做个懂商业的文化人。"

杨澜从商海抽身而退后，重新回到了她所擅长的文化传播事业上。她优雅，聪慧，亲切，机智，具有国际视野，当然还有美貌。

女人的大气和包容心，还有智慧的优雅，都在她身上体现得淋漓尽致。这种种气质都让她的尖锐无法被拒绝。她的成功是顺理成章的。因为她的坚定，自信和睿智。

　　知性是可以通过后天培养做到的，做一个知性女人其实并不难。可以通过不断的升值来增加自己的学识，可以靠增加阅历和修养来增长智慧，提升品位。

　　当一个女人能够自信、自立、坚定的面对生活，那么，即使岁月在她的脸上刻下深深的皱纹，每一道皱纹里都有智慧的光芒。即使岁月让使得她红颜老去，她也从时光的流逝中获得了独特的气质与风韵。一个聪明的女人，懂得用智慧的头脑把自己塑造为知性女人。

智慧，是一个女人永恒的魅力

　　女人可以不美丽，但不能不智慧，唯有智慧能赋予美丽，唯有智慧能使美丽长驻，唯有智慧能使美丽有质的内涵。

　　一位名人说过一句很经典的话："女人要在青春递减的时候，智慧递增。"在青年时，女人可以凭借美貌；在中年时，女人就只能依靠智慧；在老年时，女人凭借经验；但陪伴女人度过一生，并且不断使女人丰盈的，还是智慧。

　　智慧有大小之分，像撒切尔夫人、赖斯、菲奥莉娜那样叱咤风云的女人，都是拥有大智慧的女人。这样的女人不多见，大多数女人都是日常生活中的平凡女人。但是，只要女人掌握了一些小智慧，就足以使自己的人生丰满。

　　智慧是一个女人的修养、教育、经历等各种因素的综合体现，也是女人生命里最原始、最本质光华的闪耀。智慧的女人往往是优秀的女人，而优秀的女人常常是成功的女人。

世界因为女人的存在而美丽，而女人因为智慧而美丽，假如世界有十分美丽，女人占据了七分色彩，而假如女人有十分美丽，智慧则涵盖了七分内韵。

在一次"香港小姐"的决赛中，为了测试参赛小姐的思维敏捷程度和应对技巧，主持人提出了这样的一个问题："假如你必须在肖邦和希特勒两个人中间选择一个为终身伴侣的话，你会选择哪一个？"

对于这个问题，绝大多数的参赛小姐都选择了肖邦。答案自然不能算错误，但是不够有特色，显得人云亦云，千篇一律。其中一位参赛小姐是这样回答的："我选择希特勒。如果我嫁给希特勒的话，我相信我会感化他，那么第二次世界大战就不会发生了，也不会有那么多无辜的百姓家破人亡了。"

这位小姐的巧妙回答赢得了人们的掌声，因为这位小姐不仅与众不同地选择了希特勒，而且做出了合情合理的回答。

对于女人而言，随着年龄的增长，岁月的流逝，在长相上最终会落到同一条线上。也就是说，长相漂亮的人随着时间而风华不再，长相不漂亮的人在时间的磨炼中可能有因为成熟而有韵味，而长相中等的人，则变化不大，在某一个年龄段，大家可能处在同一水平线上。

要知道，人生不是短跑，而是长跑，是一场马拉松长跑，能够陪女人坚持到最后的，不是美丽的容貌，也不是人生的幸运，而是女人的智慧。美貌会在时光中凋谢，而智慧却随着阅历而增加。智慧不仅仅来自学历，有学问的女人可以称之为聪明的女人，但不能称之为智慧的女人。

女人的智慧来自对生活体验后的感悟和总结，在人生的不同阶段，女人有不同的智慧和理念，二者之间可以互补但不可互相代替。女人的智慧是在生活中一点一滴打造的，每次挫折之后，聪明的女人会多一份智慧，所谓"吃一堑，长一智"，女人就是在不断的挫折中，一次次奋起，不断地增加自己的智慧。

在现代多元文化的社会中，高素质群体成为一个大的环境和趋势，在这种竞争中，智慧是女人脱颖而出的必备因素。

随着时代的进步，人们的观念也发生了变化，视野开阔的人们不再把外表的美丽看作是女人的资本，人们更看重的是那些是靠实力进取的美丽女人，因为她们不把美丽作为利用的资本，而是把智慧作为自己的资本。

许多美丽的女人在自己的人生走到尽头时，常常抱怨世间沧桑，世态炎凉。究其原因，是因为她们不懂得什么才是真正的财富，要知道，财富不仅仅是金钱和物质，还有友情、亲情和爱情，还有人生的经历和追求。

只有那些智慧的女人，才会享有用美貌、用金钱、用权势谋掠取不到的温情，也因此，只有智慧的女人在回顾自己的人生时，才不会有遗憾和后悔。聪明和智慧是不相同的，因此，聪明的女人和智慧的女人也有很大的差别：

聪明的女人，懂得通过别人来改变生活，智慧的女人，懂得通过自己来改变生活；聪明的女人讨好男人，智慧的女人驾驭男人；聪明的女人用外装来打扮自己，智慧的女人用知识来丰富心灵；聪明的女人转弯抹角地撒娇，智慧的女人凌厉而直接的进攻；聪明的女人漂亮，智慧的女人有味道；聪明的女人目标是做个智慧的女人，智慧的女人目标是做自己。在很多人的观念里，聪明的女人就是智慧的女人，女强人就是智慧的女人，其实，智慧女人的内涵不仅仅是这些。智慧的女人美丽温婉、幽默开阔。她们善解人意而又落落大方，既不会口出狂言，也不锋芒毕露，更不会咄咄逼人。

智慧女人有自己的思考和为人处世方式，她们不会人云亦云，也不会随波逐流，无论在名利还是在困难面前，都拥有淡定从容的态度。

很多人认为，智慧和天赋有关，自己天资不佳，自然和智慧无缘。这是女人对自己的不信任，要知道，智慧既不是天生的，也不是个别人的专利，所有人来到这个世界时都是平等地的，站在同一个竞争的起跑线上。智慧是在后天努力、经验和知识的累积，领悟人生后，才被女人拥有的，让女人们命运出现差距的原因是女人自己。

智慧的女人之所以能够从容地打理自己的人生，是因为她们站在一个高度：即她们认为自己的生活是属于自己的，不应该受人支配。

大多数女人都是平凡人，也不是每一个女人生下来就拥有智慧，智慧是女人在人生的道路上不断地学习，努力奋斗得来的，而恰恰是智慧，给了女人理想，给了女人拼搏人生的力量。

第三章
不要让工作拖累了自己的形象

　　生命只有一次，我们应当让其变得更精彩。在生活节奏日趋快捷的今天，我们应当挣脱束缚传统家庭妇女的羁绊，走上一条事业的成功之路。

　　请记住：不要让工作拖累了自己的形象，不要让人背后说我们是男人的附属，更不要让人以为我们只是"花瓶"，我们应该在游刃有余地应付各种事业和生活的困难的同时，让所有人对我们刮目相看。

学会平衡心态，工作才会顺利

情绪是一种强烈的感觉状况，如激动、苦恼、兴奋、悲伤、喜爱、讨厌、害怕和生气等。

人们的情绪非常复杂，它们导致身体的化学过程发生变化，而这种变化又进而影响人们的某些情绪。情绪通过两种方式起作用，这种作用总是在不知不觉中发生。

通常我们通过改变自己的心境，活动方式和水平及思维方式来有意识地控制自己的情绪；而由于生理问题或缺陷引起的某些化学成分的增加或缺乏，进而产生的极度的情绪波动却不是我们的意识能有效地加以控制的。

许多精神病有其生物学的根源，也就是说，是由导致化学反应失衡的生理缺陷造成的，但是大部分精神病只能简单地归结于人们习惯的对于生活的糟糕的反应。

是否有一个衡量一个人的情绪是否健康的标准呢？科学在此无能为力，因为情绪具有很大的不确定性。但是，费尔德曼博士还是提供了情绪健康的人所必备的技能。这些技能是每个追求快乐的女性所应掌握的：

一是能控制自己的思维；二是乐观向上；三是能准确地断定别人需要什么；四是非常自信。

　　除了生理性的因素外，还有什么别的因素能决定我们的情绪平衡呢？有很多因素，其中最主要的是我们后天养成的对生活的态度，也就是我们对自己生活环境的反应。

　　与此相关联的是我们的自我价值和生活目标。幸运的是，无论何时我们养成良好的生活态度和强烈的自信，寻找并关注积极的事业，获得更好的处理生活中的压力的方法都为时不晚。

　　学习如何维护和保持心理健康，以及出现心理失调之时怎样恢复心理平衡，这对每一个女人都是一件十分重要的事情。心理学家总结的下面这些平衡心态的方法，值得每一个追求心理健康的现代女性参考。

　　第一，要树立正确的人生态度。俗语说：人为万物之灵。这是因为人具有一切动物所没有的"灵魂"，即人所独有的极其复杂、丰富的主观内心世界。而它的核心部分即是一个人的人生态度。

　　如果有了正确的人生态度，一个人就能对社会、对人生、对世界上的种种事物，持正确的认识和了解，并能采取适当的态度和行为反应，就能使人站得高、看得远，并正确地体察和分析客观事物，做到冷静而稳妥地处理事情。同时也能心胸开阔，保持乐观主义精神，提高对心理冲突和挫折的耐受能力，从而防止心理障碍问题的发生，有利于保持心理健康。

　　第二，自己的能力作出客观的评价。一个人的能力是由先天遗传素质和后天发展共同决定的。虽然大多数人的能力基本类同，但是应该客观地认识到，每个人的能力都有一定限度，都具有优势和劣势两个侧面。

　　一个心理健康的人，应当能够对自己的能力作出客观的评价，不对自己过分苛求，把奋斗目标确定在自己能力所及的范围以内。做到这一点，对于保护自己少受挫折及充分发挥才能都是非常重要的。

反之，假如一个人不能客观估量自己的能力范围，仅凭良好的愿望和热情盲目地制定宏伟目标，结果往往是目标落空，在个人心理上蒙受打击，产生挫折体验。这样一来，不仅白白耗费了精力和时光，也给自信和心境造成不良影响。

第三，对他人不能有不切实际的过高期望。在现实生活中，每个人都不是完美无缺的，在个性、行为习惯、价值观念和情绪状态等各个方面都可能会有优点或不足之处。

人们在生活、学习和工作中都需要相互关心和帮助，但一个人也不可能凡事都期望于他人，尤其不能有不切实际的过高期望。在做各类事情时，首先应当立足自身，主要依靠自己的力量努力把事情办好，其次才可考虑他人帮助的可能性。

即便是如此，也应考虑到每个人还会有自身的局限性，还会有他们自己的各种干扰因素。否则，对他人期望过高，而又遇事解决不好，就会抱怨他人，倍感失望，其结果是使自己的心理平衡受到干扰，对自己造成更大的不良影响。

所以，在生活中，每个人都应正确处理对他人的期望问题，以避免失望感的产生。

第四，学会情绪的自我调控。稳定而良好的情绪状态，使人心情开朗、轻松、安定、精力充沛，对生活充满乐趣与自信乐观；对身体状态的自我感受是良好的、舒适的。

相反地，如果一个人情绪波动不稳，患得患失，喜怒无常，处在不良的情绪状态中，而自己又不会调节控制，就会导致心理失衡和心理危机，甚至精神错乱。三，要维护和保持心理健康就必须学会对情绪的自我控制。

第五，向别人倾诉自己的苦恼。生活中人们难免遇到令人不愉快和烦闷的事情，有时还可能因此造成有害于心理健康的长期压抑情绪。

针对这类情况，你若能找机会与朋友、同事、亲友等将自己的苦闷心情倾吐出来，使不良情绪得以发泄，压抑心境就可能得到缓解或减轻，失去平衡的心理也可以逐步恢复正常。并且在倾诉郁闷的过程中，你还可能获得更多的情感支持和理解，获得认识和解决问题的新思路，增强克服困难的信心等。

第六，积极参加愉快的娱乐活动。一个人如果能够注意培养和发展自己的业余爱好，进行多方面的自我娱乐活动，这样就可以在其寂寞孤独、烦闷抑郁时，通过自我娱乐，以防止心境的压抑，使心身获得有益的休整和放松。

通常，人们不可能总是工作，在业余时间，积极参加愉快的娱乐活动，做到积极的放松和休整，才能使自己得到真正的心身保健，并使自己更有效地从事工作。

琴棋书画是中国古人颇为赞许的兴趣爱好，养育鱼鸟、种植花木也是有益身心健康的活动。在情绪不佳或紧张的工作之后，观赏一场相声或哑剧，常常被逗得捧腹大笑，精神振奋。

还可以欣赏一下优美动听的音乐，紧张和苦闷也会随之消除。现代女人应培养广泛的兴趣，用丰富多彩的爱好，调剂、点缀我们的生活。

第七，在与他人竞争时有所选择和侧重。目前，社会和市场竞争越来越激烈，因而竞争意识对人们的影响也愈来愈大。但是，由于每个人的精力有限，又各具不同的优势，假如你盲目地事事处处都要与他人竞争，有可能在某些方面以自己的劣势去同他人的优势进行竞争，从而招致失败，并给自己造成挫折和打击。

同时，事事竞争还会给自己造成过度紧张，心理上承受过大压力，从而对心身健康产生不良影响。所以，在与他人竞争时，应该有所选择和侧重。有所选择，是指要注意发挥个人拥有的优势方面；有所侧重，是指在竞争中，应把主要精力放在对自己有较大意义的方面，而避免分散精力，去做无谓的竞争。

这样，一方面会有利于充分发挥自己的优势，能够顺利地取得成果，以达到自己所追求的目标，另一方面也有助于维护自己的心理健康。

第八，努力扩大人际交往。人作为社会的一员，必须生活在社会群体之中。通过社会交往活动，一个人就能与群体中其他成员或其他社会群体进行交往和联系，特别是与志趣相投的伙伴、朋友、同事在一起，进行思想的沟通和情感的交流，就能从中得到启发、疏导和帮助。

通过积极的社会活动扩大人际交往，不仅可以使人增进理解，开阔心胸，还可取得更多的社会支持。更重要的是，这可以使人感受到充足的社会安全感、信任感和激励感，从而大大地增强生活、工作的信心和力量，以及最大限度地减少心理应激和心理危机感。

难得糊涂，做个职场"糊涂"丽人

糊涂，是人生的大学问。怎样艺术地、高明地糊涂，是很学问的。清代郑板桥为排遣自己一时的不得志，便得出的"难得糊涂"的杰作，并进一步指出，"聪明难，糊涂难，由聪明而转入糊涂更难"。

世人都愿当智者，不愿做糊涂虫，更不会心甘情愿地由聪明而转入糊涂。事实上，聪明有丰富的内涵和不同的层次，而糊涂呢，也有丰富的内涵和不同的层次。认真地做些研究，就可以发现聪明有初级的聪明和高级的聪明之分，糊涂有低级的糊涂与高级的糊涂之别。

所谓高级的聪明就是"糊涂透顶"的聪明，老子称之为"大智若愚"，即"真人不露相"。所谓初级的聪明就是表面化的聪明，荀子谓之"蔽于一曲，暗于大理"，即"浮精"。

在这里，特别要引为警戒的是，从来就没有聪明过人的人，千万不要大谈糊涂，更不要去追求糊涂。正如常言所说：亡国之臣不敢言智，败军之将不敢言勇。没有达到真聪明，还未摆脱低级糊涂的人，贸然地去仿效"高级的糊涂"，那就真要糊涂到底，一塌糊涂了。

不懂糊涂之奥妙的聪明，处处锋芒毕露，像无制动器的火车，极易肇事。通晓糊涂之奥妙的聪明，正如火车装上了制动器，可以安全可靠地向目的地进发。

不知糊涂之奥妙的聪明，固执死理，不通人情，像书呆子一样经常碰壁。掌握糊涂之奥妙的聪明，能"合乎天理，顺乎人情"，是真正的明智者，处处受到欢迎。

真正难得的糊涂，是一种聪明升华之后的糊涂；是一种心中有数，不动声色的涵养；是一种得道高深，超凡脱俗的风度；是一种与世无争，悠然自得的乐趣；是一种整体把握，不就事论事的运筹；是一种甘居下风，谦让豁达的胸怀；是一种明哲保身，化险为夷的韬晦术；是一种摆平八方，左右逢源的策略；是一种审时度势，伺机而动的老谋深算；是一种先伏后跃，一鸣惊人的表现法；是一种瞒天过海，出奇制胜的战术。

它外柔内刚，绵里藏针，有极宽厚的包容力，有令人不知其深浅的形态，蕴藏着变化莫测的能量，不愧绝顶聪明之称。然而，在实际生活中，许多人都往往不能控制自己的情绪，想"糊涂"却难"糊涂"。

怎样才能在该糊涂的时候做到糊涂呢？下面的经验之谈也许会给你带来一些启示：

要学会理智用事。每当遇事沉不住气时，就反复提醒自己："千万不要发火""一定不可这样做"，以理智的语言，来控制自己的感情。

学会苦中求乐。要善于从生活中寻找乐趣，多参加一些自己感兴趣的文体活动，把生活安排得丰富多彩，让自己活得有滋有味。

学会对付逆境。在人生的征途上往往不是一帆风顺，我们要学会战胜困难和挫折，正确对待成功与失败。要巧妙地应付各种复杂多变的情况，以常保心理平衡。

一个钢琴家只弹最高音，或者只弹最低音，那叫乱弹琴。高低音组成有机和谐的整体，才能奏出美妙动听的曲子。一个职业女性，如果能做到该聪明的时候聪明，该糊涂的时候糊涂，将两者运用得炉火纯青，得心应手，那她的人生将会是一首美妙的歌。

职场之上，羡而不嫉的智慧

作为一个现代的企业工作或管理人员，日常工作中的你可能时刻地会感受到嫉妒的存在。你所处的职位、工作能力以及受上司的赏识程度。乃至你的容貌、衣着；甚至家庭经济状况等，也许都会受到别人的嫉妒。

与此同时，你又可能对比自己强的人产生嫉妒。可以说嫉妒无处不在，无人不有。作为一个领导者，有必要对嫉妒作一深层次的分析。

嫉妒是什么？那是针对别人的价值而产生的一种心怀憎恶的欣羡之情。是一种极欲排除别人优越的地位，或想破坏别人优越的状态、含有憎恨的一种激烈的感情。从诸如此类的理解和定义中，不难提炼出三层认识：

第一，嫉妒是一种情感，一种并非愉悦的紧张的心理体验。凡是产生嫉妒情感的人都清楚地感受到一种紧张，它来源于被抛弃、不被认可的感觉，这当然是非常痛苦的。

第二，嫉妒起因于别人的优越地位或优越状态，亦即源于别人的价值实现。

人人都有自己的价值观，而这种价值观很大程度上又受到社会主体价值观的影响。所以，当看到别人在社会地位、财富等方面强于自己时，不管自己本身是否追求这些，心里总是会产生嫉妒情感。只不过热衷追求的人的嫉妒感更加强烈罢了。

第三，嫉妒的主成分"憎恶之情"难免会驱动纷繁复杂的"离轨"行为；而涵于其中的微弱难得的"欣羡之情"，也可能引发或强化主体的竞争意识和进取精神。

也就是说，嫉妒情感启动的主体行为走向具有两极性。比如有的人能够正确看待别人的成就，看到对方的长处，正视自己的不足，以此为动力，激励自己更加奋进，赶上并超过之，这是一种积极的态度和行动。

而另一些人则与前一种人大相径庭，表现为"酸葡萄心理"和"阿Q精神"，或对他人过分挑剔。由此意志消沉，自我否定，到头来害人害己，对工作产生消极的负面影响。

　　嫉妒是基于别人的优越状态而萌生地对别人心怀憎恨的欣羡之情。换言之，嫉妒的深层动机是主体渴望改变自己所处的"劣势"状态，企盼超越自我，超越他人。从"不甘落后"的大众共同心理推断，我们每个人几乎都有强弱不等，或意识到，或潜藏着，或故意加以掩饰伪装，以及"升华"了的嫉妒感。

　　特别是青年员工，心比天高，敢为人先，又认知尚浅，社会经验少，未经挫折，加之情绪多变，故而其嫉妒表现往往更呈现普遍性、易发性和消极性。

　　作为领导者，说到底是对于人的领导；管理也是对于人的管理。研究嫉妒的发生、发展、效应以及对嫉妒的制约和改造，对于调适员工的心理平衡，尤其对于促进青年员工的健康成长，克服其成才道路上的心理障碍具有十分积极的意义。

　　作为一个部门的领导，如何处理好下属间的相互嫉妒，关系到整个部门的工作好坏。所以，要有序地对本部门的人员进行分析，就要了解嫉妒的产生因素。

　　嫉妒的强度和表现形式一般与主体的性别、年龄、性格、阅历、人生观等诸多因素相关联。

　　其一，性别。"嫉妒与女性更为有缘"，是一种相当流行也相当含混的观点。

　　我们认为，不同性别之间的确存在着一些情感差异，但这不是由性别自身规定的，而是文化塑造的结果，主要是由不同的社会分工以及与之相统一的观念的习俗影响积淀的产物。

　　我们至今不能有效地说明，男性和女性在嫉妒量的多寡、强度的高低等方面的差异。我们仅仅发现性别与嫉妒的表现形式之间存在着仍然带有明显的地域性的联系。

一般而言，女性的嫉妒似倾向生活领域，具有比较直接的攻击性，容易被察觉和感知；男性的嫉妒往往倾向事业成就和社会地位，具有相对的间接性和内隐性。

其二，年龄。嫉妒可以看作是别人的优势状态与自身的劣势状态两者反差所引起的情感变化。这决定了同代人之间的嫉妒远盛于异代人之间的嫉妒。因为异代人之间的"状态差"，在很大程度上可归因于始点不同。

同代人之间由于始点相近，具备更多的可比性，若彼此发展不平衡，即形成"状态差"，一方就容易生成嫉妒感。有必要指出，这里的 " 状态差 " 是一个宽泛的概念，统称社会地位、职级、能力、经济收入、甚至家世背景、形体容貌等方面的差异。

其三，阅历。说同代人之间嫉妒感强盛，是相对于异代人而言的。事实上，同代人之间因阅历、知识水准、角色地位的差异，嫉妒表现也是各显特色的。

青年徒工一般不会嫉妒青年博士的发明创造，有的或许只是由衷的赞叹和敬佩。考古学家对一个诗人的天才之作往往无动于衷；也许他终身嫉妒幸运的"秦兵马俑"的发现者。

其四，性格。性格是人们表现在态度和行为方式上的心理特点。外倾型人的嫉妒表现往往呈外显性，攻击力强，主体自身消除嫉妒的速度也快捷；内倾型人的嫉妒特点是"内化"过程相对漫长，主体自身消除嫉妒也相应缓慢困难。

性格刚强者，少生嫉妒，也容易从嫉妒心绪中积极解脱；性格懦弱者，多为嫉妒所累，深陷其中，难以自拔。瑞士作家希尔泰曾断言：

"嫉妒<u>丛</u>生于缺少意志的地方",无疑是一个有见地的概括。

其五,人生观。崇尚淡泊寡欲,与世无争,嫉妒往往与之无缘;因为"什么都想比别人高强的人最易嫉妒"。但是这种人生观与时代奔腾不息的奋进节奏颇不合拍,必须扬弃。特别是青年,"代表未来蓬勃向上的力量",理应高扬奋进之旗,激流勇进,比学赶超。

嫉妒本身并不是一件绝对的坏事,关键在于我们必须树立正确、高尚的人生观和道德观,自觉主动地促进嫉妒转化为有利于自己、有利于他人、有利于社会的良性竞争。防止扭曲为志在摧毁对方优势,践行"枪打出头鸟"的行为。

对于嫉妒的因素有了初步的了解后,我们就需要根据具体情况对本部门进行合理的工作分配、人员搭配。防患于未然,以利于促进团结、加强工作。

找寻工作乐趣,享受职场快乐

无论从事的工作性质如何,无疑地,它已经构成绝大多数人生活甚至整个一生的重要组成部分。仅仅从占据的时间多少来看,工作以及由工作产生的诸种乐趣对人们生活乃至全部人生的意义便不言而喻。似乎可以这样说,享受工作的乐趣与享受生活、享受人生不可分割。

然而,真正能享受到工作的乐趣并非易事,即使从工作中发现乐趣也不容易。相反地,对工作,不少人感受得更多的是压力、单调或艰难。即使从工作中有所获得喜悦,往往也停留在享受工作的成功结果层面,很少从相比之下更加漫长的工作过程本身直接得到享受。

其实，工作的乐趣并不在于工作本身，而是来自工作者对工作的认识、熟悉、意义挖掘直至随心所欲的驾驭过程。每个人都应该能够找寻到自己工作中独特的乐趣，关键是你有没有去寻找。

要知道，不是工作需要你，而是你需要工作。人到底是为了生活才工作，还是为了工作而生活？如果你为了生活去工作的话，那等于是为钱而工作，是金钱的，也是工作的。工作是一个人天生的权利，每一个人都应该找到工作当中的极大乐趣。

作为职业女性，只有掌握了如下的一些基本要领，才能够轻松地享受职场的快乐生活。

第一，正确地看待工作。工作不是为兴趣而生，所以它注定不能以某个人的意志为转移。我们必须明白，工作首先是为了生存，对于工作中出现的问题，沟通显得尤为重要。

上司、同事乃至客户都可以成为个人工作中的良师益友，要善于做问题的解决者，而非挑剔者，及时沟通协调，才能尽快解决问题。

另外，薪酬高低是衡量个人价值的重要的指标。但是，在抱怨公司待遇不好之前，个人不妨先分析下自身工作创造的价值有多少。最要紧的是考虑自己该如何改进工作方式，以出色的努力去赢得高薪。

第二，正确地对待你的老板。老板是谁？所谓老板，简单地说就是给你发薪水的人，它可以是具体的自然人，也可以是个复杂的机构。好的老板是带领你实现自身职业理想的人，为老板工作，其实也在为自己工作。

如何与老板相处？首先，要尊重你的老板。没有规矩不成方圆，等级分工是开展工作的前提。对老板缺乏必要的尊重，逾越职业本分的人，其职业生命注定不会太长。

其次，要认识到没有愚蠢的老板。不要以为你可以成功地骗过老板，也许他不过是装傻来考验你的忠诚、经验和能力而已。他可以给你机会改正错误，但如果你犯的过错超过限度，你的饭碗就将受到威胁。再次，如果老板真的在某些方面不如你，那么这恰好是你展露才华最好的机会。

在工作中弥补上司的不足是身为三的本分，也是个人职业的价值所在。你的任务是尽职扮演好助手的角色，帮老板分忧解难，当老板的决定有错误的时候，一定要及时提醒他，既清晰阐述你的观点，又给老板留有余地。

再次，正确地对待你的同事。职场竞争激烈，保持适度的危机意识是必要的；但是过于紧张，草木皆兵却大可不必。你应该调整好心态，只有正确对待同事和下属，才能走出现有的困境。

如何对待你的同事？同事既是工作伙伴，又是竞争对手，如何处理与同事的关系，是职业人士获得成功的必要保证。职业女性首先必须明白，无论自己再怎么优秀，都可能遇到强劲的对手。

学历和资历固然重要，但最重要的还是个人的人格和实际工作本领。不管为了现实生存还是实现自我，我们都要不断进步，以适应竞争的变化。

勤于思考，做一个才情卓绝的女子

任何成功者都不是天生的，成功的一个最根本的原因就是成功者尽可能多地开发了他自身无穷无尽的潜能，将一个又一个"不可能"

踩在了脚下。

一名优秀的员工所必备的特质：就是能够在自己身上发掘一种自觉的、发自内心的精神力量，即充分挖掘自己的潜能，创造性地完成自己的工作。

每个员工都不是被动的。人们会为发挥潜力而主动满足自己的需求。他们并不是天生就厌恶工作，只会因工作而成熟，更独立自主，能力得到更好的开发，身心得到更好的满足。

员工为了自己心目中的目标，按自我价值判断而工作，能自己支配自己，可以主动地把自己的目标与组织的目标统一起来，做到两全其美。

虽然大多数人都具有相当程度的想象力、智力和创造力，但在实际工作中，一般人的潜力往往没有得到充分发挥。

为员工创造和提供机会，诱导和调动员工的成功感、自豪感，使员工在满足个人需要的同时，更好地完成所负责的工作。而不注意发挥员工身上的自觉因素，单纯靠增加报酬、发放奖金等物质刺激往往会事与愿违。

如果说潜能人人具备，但却不一定人人都能发挥得潇洒自如。潜能重在有人去发现，更需要合适的环境去发掘、培养，也在于恰到好处、独出心裁的表现。

人与人之间其实只存在着一种很小的差异：心态的积极与消极，但就是这种极小的差异往往造就了人与人之间的天壤之别：有的人成功幸福，有的人失败不幸。

人生要经受贫困、失意、挫折、消沉等各种磨难。只要你抱着积极的心态去开发你的潜能，你就会有用不完的能量，自身的能力就会越来越强。

　　每一个成功的榜样员工就是善于在看似"不可能"战胜的困难面前，奋起抗争，将压力变为动力，使潜能得到极好的释放，最终成为一名令人瞩目的榜样员工。正如培根所言："超越自然的奇迹，总是在对逆境的征服中出现的。"

　　你是有创造意识的人吗？或许你跟大多数人一样，认为自己没有。我们从小就听人说，创造力是罕见的，神秘的，只有艺术家才有。其实创造力每个人都有，无人例外。想要激发出自己的创造潜力，就必须要掌握一些策略。

　　第一，捕捉灵感。新点子稍纵即逝，如果不能很快抓住，可能一去不复返。那些懂得发掘创造力的人，都已学会如何捕捉和保留新点子。他们拥有"捕捉"的技能。

　　闭上眼睛，让思维自由游荡几分钟。身体放松，让思想自由驰骋。离开房间？离开了地球？飘向星际？只要时间宽裕，不分神，每个人都能看到、听到或经历那些现实中不可能经历的事。每个人都有自己的灵感源，在特定的时间和情况下，捕捉灵感较为容易。

　　第二，置身挑战。使新点子快速出现的有效方法之一，就是把自己放在可能失败的困难环境中，只要你处理得当，失败可以成为创造力的源泉。

　　一般来说，如果做某事失败，我们在沮丧之后，便开始尝试别的办法，这对创造力的培养非常重要。许多念头的互相竞争，可以大大加快创意的过程。

　　有些问题是难以解决的，那是些无止境的挑战，但它可以用来加大创造力。我们真的想使自己困守在沮丧的境况里吗？当我们感到被妨碍，会本能地逃离，从而激发出各种灵感火花。即使找不到解决的办法，但是这些不能解决的问题却可能激发出一些有趣的新点子。

第三，拓宽眼界。知识越博越杂，你潜在的创造力就越丰富。无数的进步是源于创造者在不同的领域都拥有丰富的经验。所以，你应该强化你的创造力，弄清楚你一无所知的领域。

第四，制造刺激。在你周围放些可激发大脑的东西，并经常更换这些刺激源，借此增强创造力。刺激多样化又不断改变，可以帮助你不断想出各种各样的点子。

与周围的人相互影响也是"制造刺激"的一种方式。例如，利用群体"大头风暴"总有些收获，因为开会的人会面临各种不同的刺激。凭借创造力不断增强，我们就能更好地解决日常工作和生活中的小问题，使新念头不断，新成就层出不穷。

创造才能除了和发散思维密切相关外，和人的个性心理特征也是分不开的。具有高创造力的女人总是有些"不可思议"的特殊行为表现。她们通常在独立性、富于幻想、坚持性、自制力和耐挫折的能力等方面特别强，超出一般人。

努力创新，是事业成功的关键

工作如同爬山，当我们到了一个高峰之后，前面还有另一个高峰等着我们攀登。如果我们就此停住攀登的脚步，那么脚下的这个高峰就是我们事业的终点；如果我们不畏艰难险阻，继续攀登下一个高峰，那么脚下的这个高峰就是我们开辟崭新事业的起点。

当每一次任务结束的时候，我们都能心安理得地为之画上一个圆满的句号，同时把这个句号当成下一次任务开始的零点，然后从零开始为下一次任务的圆满完成继续努力。

这是一种境界，是善于成长的卓越员工力争达到的一种境界，达到这种境界需要不断突破自我的勇气，同时还需要锐意进取的敬业精神，当然还需要不畏艰难的执行品质。唯有达到这一境界才能不断提升自身的职业竞争力，使自己在激烈的职场竞争中总是居于不败之地。

不断提升自身的职业竞争力，首先需要的是一种结束过去、从头开始的勇气。如果没有这份勇气，那么就没有其他一切获得成功的因素，这些因素主要包括前进的动力、必胜的信念、脚踏实地的品质和坚定的意志。这种勇气是一切成功要素的根本，缺少了这一根本要素，成功只会遥遥无期。

但是提升自身的职业竞争力绝对不是每个人都能够轻易做到的，但凡是做到这一点的人都能够不断取得事业的成功。

如果你自己无意于继续开辟成长的道路，如果你不愿意获得更伟大的成功，那么你就可以到此停止，不必再费心费力地开始新的事业，甚至你也不必再为保住眼前的成功而煞费苦心。因为企业的成长仍在继续，企业需要的是不断积极进取的进步型人才，而不是守着过去的事业不思前进的庸才。所以，只有不断提升自己的职业竞争力，才能不断进步。

优秀的员工善于尝试和冒险，同时又能宽容地对待犯错，一些优秀的企业甚至鼓励员工犯错误，以保护员工创新的热情和积极性。因为，创新意味着从无到有，充满着风险和不确定性，遭到挫折或失败是正常的，但风险往往又蕴含着机遇和未来。

思想无创意不能不说是个遗憾。领导一般欣赏"有想法的人"，如果领导说什么你做什么，对领导的意图没有任何创造精神，在工作上没有任何主动精神，那么久而久之领导是不会喜欢你的。如果你要得到领导的重用，就要创造性地完成领导交办的各项任务。

创新意识意味着一种永不满足的追求，员工的创新意识是同他极其强烈的成就欲望和事业心密切相连的，这就是一种永不满足的追求。

但是，并不是每个人都可以成功地发挥自己的创造力，从而取得别人所不可能取得的成绩。人们不能发挥创造力的原因多种多样，有的是因为心中存在某种局限性观念，有的是存在某种障碍，也有的是因为没有处理好与创新的各种关系。

所以员工要提高和发挥自己的创造力和创新思维，必须做到突破许多思维障碍，敢于打破一切常规，迈出创新步伐。

要想真正发挥创新潜能，除了要有敢于尝试与创新的勇气，还必须精心地培育你的创造力。以下是许多优秀企业的员工常用的 6 种创新方法：

第一，经常表达出自己的想法。如果你有了想法，不管是什么样的想法，你都应该表达出来。如果是独自一人，你就对自己表达一番；如果你身处群体之中，不妨与其他人共同进行探讨。把你的不寻常的离奇想法说出来，让它们从头脑中释放出来。

第二，及时记录下来一些想法。人们在工作、生活、交际和思考过程中，常会出现许多想法，而其中的大部分都会因为不合时宜而被人们搁置直至彻底放弃。

其实，在创新领域中，从来就不存在"坏主意"这个词汇。三年前你的某个想法也许不合时宜，而三年后却可以成为一个真正的好主意。更何况，那些看来是怪诞的、远非成熟的想法，也许更能激发你的创新意识。如果你能及时地将自己的想法记录下来，那么，当你需要新主意时，就可以从回顾旧主意着手。而这样做，并不仅仅是为了给旧主意以新机会，更是一种重新思考、重新整理的过程，在这个过程中，可以轻易地捕捉到新的创新性的思想。

第三，自己提问自己。如果不问自己许多"为什么"，你就不会产生创新性的见解。为了避免常犯的错误，成功者总是透过所有的表面现象去寻找真正的问题。

他们从来不把任何事情看作是理所当然的结果，也从来不会把任何事情看作是水到渠成的过程。那些不明确的，看来似乎是一时冲动之下提出来的问题，往往包含着更多的创新性思维的火花。

第四，努力去实施创新性的想法。有了创新性的想法，如果不去努力实施，再好的想法也会离你而去。想努力去做，却又因为短期内收不到成效而不持之以恒，你也会和成功失之交臂。只有坚持努力，持之以恒，才会如愿以偿。

第五，换一种新的方法来思考。墨守成规不可能产生创新力，也无法使人摆脱困境。有人喜欢用比较分析法来思考问题。当面临抉择时，他总是坐下来将正反两方面的理由写在纸上进行分析比较。

也有人习惯于用形象思维法，把没法解决的问题画成图或列成简表。能不能换一种方法去思考，或交替使用各种不同的思考策略呢？试试看，也许，最困难的抉择就会迎刃而解。

第六，永远充满着创新的渴望。满足于现状，就不会渴望创造。没有乐观的期待，或者因为眼前的愿望无法实现而不去追求，都会妨碍创造力的发挥。只有心中充满改变现状的愿望，才能不断地去创新。

用能力说话，做个职场女王

怎样使自己成为一个能担负重任的职工，这就要求我们尽可能地钻研业务，使自己变得学识渊博，不断培养自己的工作能力和技巧。

所以，一定要有一个钻研计划，要尽可能多地钻研与自己的工作有关的事情。假设你想当一名经理，你可以读一些有关管理方面的书，也可以参加一个管理培训班。

一旦你有了一个计划，并让自己朝着计划的目标不断钻研，你会惊奇地发现，自己能多么迅速地完成升职所需要做的所有事情。

在工作中，事无大小，每做一事总要竭尽心力求其完美，这是成功者的一种标记。凡是有所作为的人，都是那些做事不肯安于"尚可"或"近似"而必求尽善尽美的人。

把自己的工作做到尽善尽美的精神，是一切成功者的特征。伟大、成功的人们之所以成功、之所以伟大，就在于他们勤于钻研，做事时殚精竭虑、明察秋毫。人生于世，肯定要与许多形形色色的人打交道。在此交际过程中，人们不但可以打发时间、建立联络、寻找合作伙伴，还可以从对方身上学到不少东西。

当然，向不同行业的人学习，并不仅限于了解一些材料，你还可以了解到其他行业的基本知识、行情乃至于操作手法等。而获得这些信息的过程，可以是询问，可以是讨教，也可以是争辩等等。

其中询问是一个好办法。询问能把对方提升到"专家"的位置。大多数人都有虚荣心，好为人师，对于别人的发问，一般都是持欢迎态度的。譬如当他在公众场合受到注意时，更是恨不得把所有时间包下来，好好讲个痛快，一展他的学识与口才，成为众人瞩目的焦点，做一回"明星"。

向对方讨教他那个行业的知识，他最拿手的知识。这样的话，你获得知识的效率会很高，比自己慢慢翻书来得更快更专业。跟许许多多不同行业的人交往，并从他们口中获得许多重要知识，这样的话，你就可以成为一个对社会有深入了解而且博学的人。这对你的人生是有着很大裨益的！

无论从事什么行业，只要想在该行业中站稳脚跟，做出一番成就，就必须具备精到的专业技能，而且还要以精益求精的态度不断提高自己的专业技能水平。

专业技能水平的高低对于员工在这个行业中的成长道路具有关键作用，任何人都不可能脱离专业技能之本而空谈成长，所以，我们大家一定要使自己的专业技能精益求精。

专业技能水平的高低决定了你在实际工作中能够创造价值的大小，从而也决定了你日后的成长态势。如果你对工作持以敷衍了事的态度，不愿意潜心提高自己的专业水平，那么你就很难在工作中实现成长，获得成功。

如果你几经考虑选择了某一行业，就不要轻易改变自己的选择，一旦你做出了选择就要对它付出最高程度的热情，并为你的选择付出百分之百的努力，并使自己的专业技能日益精湛。

只有这样，才能不断激发你的奋斗精神，你才可以全力以赴地投入到工作当中，也只有如此，你才能在工作中获得成就感与满足感，才能不断提升自己的潜能，才能使自己的成长道路更加顺利，也使为自己提供工作机会的企业更上一层楼。

知识拓展影响发展空间，没有丰富知识积累的事业是不完整的事业。如果你从拓展事业的角度出发对待工作，那便拥有了一个积极的开始，这样的开始必然孕育着无限生机。

相反，如果仅仅从应付工作的角度出发，那你的事业成长道路必定是一个压抑的开始，这样的开始不会蕴涵足够的激情和动力，这样的开始就如同站在井底仰望苍穹，看到的只能是一小片单调的天空。

当你选择了一个行业，并且开始你的事业之路时，你就应该知道自己要以什么样的高度开始自己的事业，需要哪些知识来开拓自己的发展空间。拥有更丰富的知识才能拓展更广阔的发展空间，只有在更广阔的发展空间里人们才能实现更高水平的发展，因此人们就越是需要拓展更加广博的知识层面。

反之亦然，知识面越窄，发展空间越小，人们的能力水平就越低，最后就越容易满足于眼前，越来越不思进取。比如一个人，他对琐事的兴趣越大，对大事的兴趣就会越小。而非做不可的事越少，越少遭遇到真正应该做的事，于是人们就越关心琐事。这无疑是一种恶性循环，但人们却总是乐此不疲，或者是陷于其中不能自拔。

企业给我们提供的不仅仅是一份维持生计的工作，从工作中我们得到的不仅仅是一份或多或少的薪水，给我们提供的是一份崭新事业的开始，从这份新事业中我们可以得到更加广博的知识和自我价值的不断提升。

在事业的道路上能够获得什么样的成果，完全取决于我们以什么样的起点开始工作，如果你以不断拓展伟大事业的心态开始工作，那你自然会不断丰富和更新自己的知识，从而创造越来越大的价值。

行动，是走向成功的必要途径

任何成功都离不开实实在在的行动，虽然行动并不一定能带来令人满意的结果，但不采取行动是绝无满意的结果可言的。

在一个促销会上，美国某公司的总经理请与会者站起来，看看自己的座椅下有什么东西。结果每个人在自己的座椅下都发现了钱，最少的是一枚硬币，最多的有100美元。

这位总经理说："这些钱都归你们了，可是你们知道这是为什么吗？"当时没有人出声，因为没有人知道原因。

当大家将眼光投向经理的时候，他说出了理由："我不过是想告诉你们一个很容易被大家忽视，有时甚至会忘掉的真理：坐着不动是没办法赚到钱的。"

这是一个简单而又深刻的道理。但是在现实生活中，我们往往埋怨机遇总是与自己擦肩而过，成功也总是与自己距离一步之遥，而实际上如果能够细心地观察一下，就会发现那些成功的人只不过是能够及时地行动起来。

这一点，对于男人如此，对于女人也如此。想成大事的女人一定要记住：实干总比空等的好，迈向成功的第一步，就是站起来行动。

美国的赫伯考夫曼针砭过那些只说不做的人："你一直告诉别人，说有一天你会成功，其实你只是在自夸，好让别人看得起你，日子一天天地过去，你的理想是否实现？你成就了多少大事呢？时间与机会不断地提供给你，你又掌握多少呢？为何如今依然未见你迈向成功？事实上，不是你缺少机会，而是你根本不曾行动过！"

同样，对于想成就大事的女人来说，事业的建立、成功，不在于能知，而在于能行。

行动是件了不起的事，也只有行动能够使我们将成大事的目标化为现实。如果没有行动，那么梦想毫无价值可言，计划也不过是一堆废纸，而成大事的目标也是不可能达到的。

一张地图，无论绘制得多么详细，比例有多么精密，都不能使主人在地面上移动哪怕一寸；一部法典无论多么的公正，都不能杜绝罪恶的发生；一本教你如何成功的经典之作，无论写得如何精彩，都绝对不会给你赚回一分钱来。

只有行动，才是成大事的起点，才能使你的幻想、计划、目标，成为一股活动的力量。

拖延是恐惧的产物，是失败的开始，你要想征服恐惧，只有毫不犹豫地行动起来。只有行动，你心里的恐惧才会一扫而光。你不能逃避，不要把今天的事情拖到明天去做，因为明天其实是永远也不会来临的。

所以今天就要做完今天的事情，即使你的行动不会使你快乐，即使行动并不一定成功，但是行动起来而失败，总要比不行动而失败要好。

所以，你要时刻记住，要成大事，只有行动起来。要想使你宏伟的计划不是永远停留在纸上的蓝图，就用行动把它变为现实。

欲成大事的女人，如果有好的计划，好的创意，就一定会马上行动起来，努力地把想法变成现实。

和过去的女人相比，生活在当今这个时代的女人无疑要幸运得多，但凡男性能从事的行业，女性也可以涉足。因此，在各行各业杰出的女性层出不穷，在这样的环境里，女性承受的压力也许更大，付出的也许更多。

但同时女性也终于走上了能发挥自己才能的舞台，新女性应该勇敢地面对一切压力和挑战，失败也许会让你的身心受到伤害，但是永远无法占据你执着顽强的心灵。路是靠自己去走的，生活在笼子里的金丝雀永远不知道在天空翱翔的自由和快乐。

要成大事的女性，就要相信勇于实践是生命路上的一把快刀，可以砍出一片光明的天地。任何的成就都源于行动，行动不一定会取得成功，但不行动就绝对不会成功。

常言道："千里之行，始于足下"，追求成功既要敢于梦想，更要勇于行动，这才是通向成功的最佳途径。

第四章
尽情展示自己美好靓丽的身姿

不要浪费我们如花的容颜，不要辜负我们青春的韶华；让每一件衣服都为自己惊艳，让每一样饰物都为我们争辉。昂首挺胸，使自己时刻都成为一道最独特的风景；阔步向前，使万物都臣服我们的风华绝代。

健康的身体，是女人一生幸福的基石

"女人花，摇曳在红尘中；女人花，随风轻轻摆动。"梅艳芳的这首歌勾勒出了一幅女性柔美、深情的画卷。如今，唱歌的人已经离我们远去，但她的离去却给我们敲响了关于女性健康的警钟。

现在，残酷的竞争对女性提出了非常严苛的标准。她们需要负担生儿育女的重任，她们必须跟男人一样在职场上打拼，她们必须兼顾工作与家庭，作为扮演着多元化角色的女性来说，必须要把自己的身体健康情况当作重要的任务来安排。因此，健康的生活方式是一个人幸福一生的基石。

健康是人类的永恒追求。健康是人生最大的财富。健康是人生的第一资本。一旦失去了健康，就失去了工作和赚钱的资本。健康比金子还要珍贵，金子可以"千金散尽还复来"，而健康却是"一江春水向东流"。

有人做了一个很形象的比喻，如果把健康比作1，1后面有许多的0，0分别代表我们的财富、地位、事业，假如我们生活中少了某个"0"，对我们的影响应该不会太大，但假如少了"1"，那么，后面有再多的"0"都将没有任何意义。

人生病与否与钱没关系，而与之相关的是保健知识的多少。如今，许多人不是死于疾病，而是死于对健康的忽视，其实，昂贵的医疗手段远远不如廉价的预防措施。所以，一个聪明的女人一定要懂得关爱自己的身体，注重自己的健康。

健康的女人拥有积极的心态，在事业上没有勃勃野心，因为她明白过高的期望值和过重的压力会使面色无华、皱纹出现。但是她有很多真正的朋友，在烦恼的时候会有倾诉的对象，因此，烦恼和忧愁总是离她远远的。

健康的女人脸上常常挂着一丝笑容，很平静。早晨外出前和晚上回家后，她会留出半个小时的时间给自己，闭上眼睛，深呼吸，以此放松、振作自己。

健康的女人都知道，早晨是身体吸收营养的最佳时机，所以她绝不会错过这样的好机会。并且她懂得要把几种营养食品搭配在一块，让自己营养均衡。聪明的她不忌口，但是会选择热量低的食品。

无论工作多忙，健康的女人总会每周至少抽两天时间去健身俱乐部锻炼形体，这让她不仅显得精力充沛，还利于保持体形。在天气热的时候，她忘不了有节制地享受日光浴，注意细节的她自然一定会抹上防晒霜。她知道良好睡眠的重要性，所以在 11 点以前她会乖乖地入睡并保证 8 个小时的睡眠时间。

与人交往健康的女人有着健康的人际交往，女人们愿意与之交往，因为她有颗爱心，关心她人，愿意听好友诉说心中的不快。她善解人意，富有同情心，男人们也愿意与她交往。

与人交往健康的女人不媚不俗，心中坦荡，与之交往，心底纯正，令人没有私心杂念，就像与自家姐妹谈天说地一样；她性格开朗，言谈举止温馨得体，焕发女人的活力，令人情绪饱满，愉悦开怀。

一个成熟的现代女性对美丽的认识应该更清醒，更理智。在这样一个崇尚健康的时代，健康的女人才是最美的。一旦被病魔缠身，再美丽的女人也谈不上有魅力！没有健康的美丽是无法持久的，只能昙花一现。

健康是美丽的基础。而毫无内涵的美丽是空洞的、苍白的，只能是一个漂亮的花瓶。只有内在美与外在美的结合，才能美丽一生，美丽一世。接下来就介绍一些可以让女人既健康又美丽的生活小常识：

早晚两杯白开水。充足的水分是健康和美容的保障。特别是女性，缺水会使她们的身体过早衰老，使皮肤因"缩水"而失去光泽。但由于女人的代谢比男人要慢，消耗也比男人要少，女人往往比男人喝水要少，这就会使身体和皮肤的问题同时出现。

女人要做的，就是至少早晚各喝一杯白开水。早上的一杯可以清洁肠道，补充夜间失去的水分，晚上的一杯则能保证一夜之间血液不至于因缺水而过于黏稠。血液黏稠会加快大脑的缺氧、色素的沉积，使衰老提前来临。因此，每晚饮水的作用不能低估。

拥有好的睡眠。女性的睡眠时间不能过晚，特别是不能超过晚上11时，因为从晚上10时到第二天5时，是皮肤修复的最佳时间，而睡眠中的修复才有效。如果入睡时间超过了子夜，即使是第二天起得再晚，睡得再长，也已经错过了皮肤的最佳保养时间。

一杯绿茶。在日本，绿茶已经成为最完美、最便宜的护肤美容健体佳品了，绿茶中含有丰富的维生素 C，具有防止皮肤老化、清除肌肤不洁物的功能，又天然又便宜。

一杯醋。有时女人是需要一点"醋意"的。每日三餐中食用醋，可以延缓血管硬化的发生，已经是重复多次的保健常识。

对于女人来说，除了饮食之外，可以在化妆台上加一瓶醋，每次在洗手之后先敷一层醋，保留 20 分钟后再洗掉，可以使手部的皮肤柔白细嫩。如果你所住地的自来水水质较硬，可以在每天的洗脸水中稍微放一点醋，就能起到养颜的作用。

一个西红柿。西红柿中含有大量具有神奇作用的茄红素，能充分发挥保护肌肤的功能。所以爱美的女性最好多多享受西红柿所带来的肌肤抗老化的效果。

一瓶矿泉水。一定是要名副其实的矿泉水，它含有的微量元素和矿物质是皮肤最需要的。清洗脸部后仰卧，用矿泉水浸湿一块干净的纱布，然后敷在脸上，待纱布变干后，再次浸湿，如此反复，就等于给面部做了一次微量元素的营养补充。

一杯酸奶。酸奶中高活性的矿物质钙、镁、锰及微量元素等都有辅助保护牙齿、健美骨骼等作用，而维生素 A、维生素 B、蛋氨酸和胱氨酸等则能使眼睛炯炯有神，使头发乌黑秀丽，柔软而富有弹性，还有助于防止脱发并促进头发再生。

女人味，是一缕诱惑人心的灵韵

有女人味的女人一定很美，凭借一举一动，一言一语之优势，尽现至善至美。无论你是白领还是蓝领，在闺中也好，初为人妻也罢，作为一个女人，永远不要风风火火。

要记住：凡事把握一定的尺度，矜持内敛，永远是最高品位。有"味儿"的女人，既可以获得男人给你的幸福，也可以享受自己内心的幸福感。

　　女人味是什么味？朱德庸的《涩女郎》中"万人迷"有一句名言："只有让自己的身材成 S 形，才能让男人成直线走来。"

　　一般人们谈起女人味，总是会联想到性感、妩媚，联想到风姿绰约、风情万种的女人，似乎只有这样才是女人味。风情万种是女人味，温柔贤淑是女人味，母性的光辉是女人味，温和开朗是女人味，善解人意是女人味，能够发挥自己特点是女人味……

　　一直以来，女人味的评判视角始终都是男性，然而，现代的女性们已经有了更广阔的自塑空间，一些未曾完全逝去的传统规范，也早已无力承诺女人的终身幸福。

　　女人在困惑中空前成长，她们在思索女性生活课题的时候，也为自己铺开了一个更加广阔的生活空间。因此，女人味的内涵也变得更加宽广和深远。做女人自然就要讲究味道，讲究那么点自自然然的风韵和魅力。

　　菜，它本身是没有味道的。在烹调的时候必须佐以姜葱等作料才出味！所以，女人也是这样，都要好好地"烹饪"自己，使自己秀色可餐，香气宜人。

　　外表漂亮的女人不一定有味，有很多女人虽然美丽，但是并不可爱；前卫并不代表女人味，不要以为穿上奇装异服就有味了。当然这也是味，但却成了"怪味"；有钱不一定有女人味，这样的女人如果情调不足同样索然无味。

　　大多数的女人都将"女人味"作为自己做女人的基础。对于来自四面八方的对她缺少"女人味"的指责，那些女强人们也总觉得惭愧，受到的压力更大，并力图用各种方式加以证明，她具有女人味，并且比一般女人一点也不少，拼命要做一个让孩子满意的"好母亲"，让丈夫满意的"好妻子"，让婆婆满意的"好儿媳"。

对于什么样的女人更具吸引力，有的男人会说，一个充满自信的女人能吸引男人，一个只会服从而无自己主见的女人只会令男人们讨厌。

然而，好多男人会说："我感到头痛的只是那些喜欢处处先发制人的女人，妇女不仅占据了半个天空，甚至是整个天空，那怎么叫人受得了呢？"

所以，现实生活中，一个撒娇示弱的女人比一个有空就看书的女人更容易被男人喜欢，女人书读得多，就好比是本字典，男人只有在需要的时候才会去翻阅。一个一开口就是衣食住行的女人比一个一开口就是政治新闻、经典哲学的女人更容易赢得男人的欢心。

当然，能俗能雅的女人最让人喜欢，就像金庸小说《笑傲江湖》中的任盈盈，既在武林中拥有一席之地，事业成功，又温柔体贴、聪明伶俐，让人想亲近。

如果任盈盈生长在现代，一定是人见人爱的精灵。她精通琴棋书画，很有品位，也很有个性，爱憎分明，有时还会耍点小性子，调节一下情趣。更何况，她对情人一心一意。在金庸先生的小说里，只有任盈盈才是真正"出得厅堂，入得厨房"的好女人。

漂亮的脸蛋并不是赢得男人的最高砝码，女人味它不存在于美和丑，它没有矫揉造作的行为，它存在于温柔之中。女人的温柔犹如一季春光，一池清澈的湖水，当男人走近她时，会被她那娴静的波光所吸引。

女人的温柔，像吐气如兰，给男人创造了一个神秘清幽的境界，一个舒心轻松的气氛，这时，你回望那雍容的笑，睿智的眼神，无时无刻不散发出无可置疑的味道。

女人味存在于智慧中。女人一旦过了保鲜期，昨天的"秀色可餐"，很可能就是今天的"锈色可惨"，当视觉动物们将眼睛转向更鲜活的"S"形时，女人们只能慨叹明日黄花蝶也愁。

因此，女人味不应只是秀外，更要慧中。如果说化妆品是从外向内雕琢一个女人的话，那么智慧就是"以内养外"，一点一点从内向外雕琢，使女人从容自信，周身散透出超凡脱俗的气质，从人群中脱颖而出，让深层的才华潺潺流露。在张弛有度中、理性与感性的交融中，展示特殊韵味。

"宁可抱香枝上老，不随黄叶舞秋风。"如果女人走过了爱与痛、失与得，其外表依然韶光，但其中散发出来的智慧、成熟让男人既爱且敬。看云卷云舒、花开花落，她都能会心一笑。那会心的一笑，便是浓得化不开的女人味。

让每一件衣服，都为自己惊艳人间

成为最漂亮的女人都说闻"香"识女人，其实闻"衣"同样可以识女人。20岁的女人像夹克衫，轻松而自在，一件舒适的夹克搭配一条随随便便的牛仔裤，青春就是可以这样肆无忌惮地张狂。30岁的女人是一条雪纺的长裙，不经意间流露出优雅、性感和迷人。

30岁的女人开始懂得时尚的真谛，开始懂得自己作为女性的价值，30岁的时候已经知道优雅是个什么东西，知道什么场合使用什么香水，也知道丝巾是秋天最好的点缀。30岁的女人不仅要穿着得体，也要别致动人。

女人做事情往往凭直觉，购衣、穿衣更是如此。穿衣有三层境界：第一层是和谐，第二层是美感，第三层是个性。

无论是索菲亚·罗兰身着丝质套裙的性感，还是杰奎琳太阳眼镜后的典雅，抑或是赫本在黑色连衣裙中的优雅，她们之所以能够给人们留下深刻印象，其原因只有　个，就是她们创造了自己的风格。融合了个人的气质、涵养、风格的穿着会体现出个性，而个性是最高境界的穿衣之道。

一个女人不能妄谈拥有自己的一套美学，但应该有自己的审美倾向。不能被千变万化的潮流所左右，亦步亦趋，而应该在自己所欣赏的审美基调中，加入当时的时尚元素，融合成个人品位。

买衣服时要满足三个标准，你喜欢的、你适合的、你需要的，不符合其中任何一个的都不要掏出钱包。

一般而言，每个女人理想中的自己和现实中的自己都有一定差距，世界因为想象而美丽，表现在服装上那就可能是购买了那些不实用但很吸引你的衣服，可是很多时候吸引你的衣服并不一定适合你，如果真的是这样就构成了经济上的浪费。

所以就要学会分辨，学会拒绝和放弃，"有所不为，才能有所为"。有一种情况例外，就是如果你实在有余钱，也不妨奢侈一下，买回来独自欣赏也是件美事。

衣服要与场合、年龄、身份、地位一起改变。一把年纪还梳娃娃头的女人，齐刷刷的刘海下是硬挤出来的活泼，让人看着会很累。去朋友家做客时珠光宝气，虽然显出了你的富贵，但却拉开了你和朋友的距离。

因此服装要和场合、年龄、身份、地位相适应。西方学者雅波特教授认为，在人与人的交往互动行为中，别人对你的感受中有9%是注意你的谈话内容，38%是观察你的表达方式和沟通技巧，53%是判断你的外表能否和你的气质相称，换句话说也就是你像不像你所表现出来的那个样子。

美是和谐舒适，而不是突兀勉强。穿睡衣去买菜的女人，虽然省了点时间，但却怎样都会让人不舒服。不知道沾了菜汁烂泥鱼腥肉味的睡衣回家后再怎么做真正的睡衣？寒冬腊月穿迷你裙，冻得面色青紫、两肩高耸的，这时候迷你裙也就没有美感了。对于职场女性，那些娇娇女般的梦幻风格也应该主动回避。

买和自己的身材、肤色、气质能够"速配"的衣服。没有哪个女人对自己的形象是完全满意的：你也是这样，但不要被这种遗憾困住，了解自己的优点和缺点，绝对有助于你穿出独特的美丽。衣服是附着于人的。

我们公认奥黛丽·赫本是经典的美丽，可是她本人曾认为自身有很多缺点，个子太高，不能穿高跟鞋，脖子太长，还长了一对招风耳……可是她却成了经典。

所以，彻底了解自己是非常重要的基础课程，读懂自己的身材、气质、肤色很重要，这可以避免被一时的购物气氛迷惑，买回不适合的衣服。只要你真正地认识自己并读懂服装的语言，每个女人都会成为最美丽的女人。

多关注流行信息，培养自己的时尚美感。罗马不是一天建成的，同样，没有人生来就特别会穿衣服，穿衣打扮也需要学习和琢磨。你可以买几本你喜欢的报纸和杂志，定期阅览，不断刷新自己的敏感度和判断力，时间长了，眼界自然会不同。

还有，如果你身边有公认的"会穿"的女友，可以向她们请教一下，多听听别人的经验和建议可能会少走一些弯路。总之，勤奋和天分的道理也适用于穿衣之道，只要你用心了，你就一定会是最美丽的。

购买衣服时，不可在茫茫衣海中迷失自己，不要因为服装价格的降低而降低你对衣服的要求。记住，让你买下一件衣服的理由应该是它很适合现在的你，而不是它看似划算的价格和那一块小小的商标。

在白领女性的衣橱里，白衬衫是绝对不能缺席的一位主角。自从莎朗·斯通在奥斯卡颁奖典礼上身着老公那件肥肥大大的白衬衫亮相以来，这位"衣中平民"就开始重新被人们所认识。

一件品质精良的白衬衫是你衣橱中不能缺少的，没有任何衣饰比它更加能够千变万化。白衬衫的魅力就在于其以不变应万变的能力，帅气的牛仔裤也好，优雅的及膝裙也好，甚至是奢华气十足的晚装，白衬衫都能与它们和谐搭配，并且注入清新的校园气质，以简单风格最大限度地表达出你的魅力。

白衬衫的性质决定了它在搭配上的灵活性和多样性作为基本单品，白衬衫能和你衣橱里的很多衣服结伴而行，并随之变换出不同的风貌。设想温柔的午后身着丝质荷叶边白衬衫搭配上牛仔斜裙，温柔的长发、午后懒懒的暖阳、丝质的纯白衬衫，别有一番韵味，别有一番境界，别有一番风情。

学会装扮自己，将美丽进行到底

女人会老去，这是自然规律，就像春夏秋冬，花开花落一样不可逆转。但重要的是女人爱美、追求美的心不会老。美丽的女人不一定天生丽质，但必须知道如何装扮自己。让每一天的心情跟着衣妆一起靓丽起来。你美丽着，不单为取悦男人，也是自己热爱生活与维护自尊的表达。

一位容貌姣好的女人为一个晚会而穿着打扮，"工程"往往要耗时45分钟。"镜子可以给我发放出门的通行证，"一个女人说道，"也可以使我一整天情绪低落。"

"对着镜子狂喜"，西蒙·德·波伏娃这样描述女人对着镜子的自我反应。

但凡女人都是爱美的，美丽就是女人一生都为之努力的终身事业。女人需要旁观者的眼睛来认识她们的价值，来帮她们自我挑选。男人的眼睛，就是你的记分牌。

对于美丽的追求，女人有时会令人感到有些匪夷所思，如果手被划破了皮，她们多半会痛到尖叫，可如果是为了增加美感，她们又会忍受刀割之苦。

女孩刚满十岁，母亲为了给她梳个特别的发型，将她的一团头发用力拉直，然后用一根金属饰物牢牢固定。

如果女孩疼痛而号叫起来，她就会听到母亲的金玉良言："你得为美貌而吃苦。"母亲说这话时带着神秘而幸福的微笑。

女性对美的事物有着较大的敏感性。这是由于女性的视觉和听觉一般比男性强，因而他们比较容易感受到外在形式的影响。对流行的服装款式、花色、颜色十分敏感，就可以证明这一点。

女性比男性更会挑选商品，更懂得如何来打扮修饰自己，这就使女性的魅力更容易得到各种辅助性魅力要素的帮助。这就是为什么"女人比男人好看"的原因所在。

男女两人同时注视迎面走过的一位美女，但是两人对美女的印象是截然不同的。男人可以十分清楚地说出她的容貌、腰肢、身材等资质性的美丽要素，却无法详细说出她有哪些辅助性的美丽要素，甚至连她是烫发还是直发、穿什么衣服、戴什么首饰都不甚了了。

对男子而言，女人的美丽视点首先集中在女人的性感区。而女人的回答就要详细得多，她不但能说出她的资质性美丽要素，更能说出她的发型、耳环、项链、衣服等辅助性的美丽要素。

对于女性来说，她要从美女身上学习的，正是这些辅助性的魅力要素，而不是那些天赋的资质性美丽要素。作为女性，你要懂得天生丽质是可遇而不可求的，只有辅助性的美丽要素才是体现你创造力的真正所在。

一个对追求美丽训练有素的女性，甚至在对擦肩而过的一瞥中，就能揣摩出女人个性中的内在的美。这些都和女性特有的敏锐观察力、稳定的注意力和特别细心的性格特点分不开。

正是女性的这些心理特点，使她们在欣赏美丽的时候，可以通过静观默察，在心中仔细比较，从而获得有关审美对象的大量信息，通过对这些信息的分析，她们就有可能找到美丽的原因。

另外，女性的美感具有感染性。由于女性的模仿能力比男性强，因而女性对于她所认为与美有关的事物会加以模仿，也正因为女性具有对美的事物敏感性的特点，所以她们对新奇的美丽特征会更快地感受到，并在自己的身上模仿再现出来。这种女性对美丽的感染性，就是时尚流行的社会心理基础。

康德曾这样诠释过女性的这种美丽感染性："世人所说的都是真的，大家所做的都是好的。"这是女性的一条原则。

将美丽进行到底是你对自己的自信和自爱，你若想让自己承认自己"丑"是件很难做到的事。你会用各种努力，来使自己变得美丽漂亮。也正因为这样，如果你恭维一个女人如何美貌靓丽，即使你是在调侃、讽刺她，但对于女人她仍然会将它当作是你对她美丽的肯定。

相反，如果一个女人被人评论为相貌丑陋，那会比骂她、打她更令其难受。英国的约克公爵夫人弗吉在看到一本杂志中将自己比作像一个粗俗的打杂女工时，深感震惊，并为此痛哭不已，可见女性对于自己美丽与否是非常重视的。从某种意义上讲，你在意自己的美丽就如同在意自己的健康生命一样。

个性与才情，是美女的两大法宝

个性和才情是女性创造财富的一大优势，凭着这一资本，他们可以打造自己的名牌，可以解决生意场上的各种难题，可以结交更多的人脉关系。

一个现代女性必须要有个性化的气质，才能赢得大家的青睐，才能表现出自己独特的魅力，以此吸引众人的目光。什么是个性呢？

个性就是个人独有的品位和气质。现代女性都希望自己活得充实浪漫。在这种欲望的引导下，女人不是变得越来越失去个性，而是越来越突出个性。她们总是根据自己的特点，去寻找恰当地表现自己的形式，以求获得真正属于自己的财富人生。

假如一个女人失去了个性，必然会变得与众人没有什么两样。即使你的外表多么地动人，衣着多么的华贵，也只能是一个装饰用的"花瓶"，失去令人回味的空间，就像一壶泡了很久的茶，喝一口索然无味。

个性化的美，体现个性特征的现代女性形象，已成为一种不容逆转的潮流。置身于这样一种潮流中的你，应深入发掘自我独特的潜力，不能再像东施那样成为人们的笑柄，摆脱传统的审美观念，走出人云亦云的误区，以塑造毋庸置疑的个性魅力。

看看周围吧！非常羡慕那些集美丽与财富于一身的成功女性，看到她们光彩照人，每到一处都能产生"明星效应"，真是佩服至极。其实，这些最能赚钱的女人都与个性有关，她们是在个性方面充分发挥了自己的特长，塑造了自己完美的形象。

天生丽质的女人往往是最具有吸引力的，然而，随着交往的加深，了解的增多，真正能长久地吸引人的却是她的个性。因为个性里面蕴涵着她独有的色彩。

个性化的时代，就是人性的召唤，美的渴求。在这个时代里，人们乐于展露本来的自我，表现出原始的个性，呈现出另一种激动人心的魅力。

王菲是一个奇女子。王菲的成功，在于她作为北京女子的大气与生具备、她的天生丽质与后天努力、京港两地优秀音乐伙伴和老师对她的爱护和帮助，同时也是她的个性和魅力使然。

王菲是一个不折不扣的"酷姐"，富有才情，极有主见，率真直白，我行我素，敢做敢当。她不怕得罪记者，也不在乎别人的目光，天生一副傲骨。

传媒总说王菲不合作，却老要报道她的新闻，她越是躲越是红，看上去是一个怪现象，其实正说明王菲很真实，不造作，有才华，无俗气，她正合乐坛主流，尽管她是一个"冷面丽人"。

在媒体的镜头前，她经常以一副冷冷的样子示人，似乎习惯拒人于千里之外，其实是由于媒体上的一些不实报道，使她有些生气，又不想解释。她用一副冷漠的表情和迷离的眼神，表示对媒体的冷淡。

而她每一张唱片的音乐风格，她的服装造型的每一次变化都会成为媒体和歌迷们讨论的话题。

王菲在装扮上永远大胆有创意，1992年她削了短得不能再短的头发；1993年又削成可人的"菠萝头"；1994年又刻意在眼角弄出晶亮的银石眼泪；1995年打扮成黑人妆；1997年她的眉上又飞上了蝴蝶，口红擦成黑色，以黑眼圈示人；1998年以印第安人的风貌出现，鼻梁上还有一道红色的晒痕……展现了她与众不同的精神气质。

王菲丰富的多元色彩与优秀的音乐赢得了广大的听众，她极其前卫的装扮、特立独行的个性魅力更让无数歌迷为之倾倒。美国《EQ》把王菲评为全球最酷的女子。

网络作家安妮宝贝笔下这样描写王菲："扑鼻全是你的气味。明明沉沦窒息即将致死，我也懒得出气。这是王菲的原谅自己。我喜欢这种激烈的感情。越激烈的东西越是冷酷……"

　　由新浪网与国内17家强势媒体共同推出的大型公众调查：20世纪文化偶像评选活动于2003年6月20日正式落下帷幕，王菲入选"20世纪十大文化偶像"，其他9人按得票顺序分别是鲁迅、金庸、钱钟书、巴金、老舍、钱学森、张国荣、雷锋和梅兰芳。

　　王菲入选的理由是："她赢得了歌坛和影坛天后的荣誉，却一贯低调，沉默寡言。在流行乐坛的女歌星中，她的成就和人气历久弥新，无人能出其右。"

有个性，有才情的女人往往有更大的赚钱潜力，因为人们愿意为自己喜欢的人掏腰包，而王菲恰恰就是最好的说明。

自信的女人，是一道最独特的风景

　　自信是一种可以使人内心饱满丰盈，外表光彩逼人的内在气质。正所谓"水因怀珠而媚，山因蕴玉而辉"，自信于女人就像"珠"于水，"玉"于山一样。自信的女人有"拥繁花似锦，坐看云卷云舒"的淡定和从容气度，在自信的女人眼中，你可以找到坚定的光芒。

　　成功女人的自信，耀眼夺目。居家女人的自信，平和安详。如果你是个想让自己更美丽、更出色的女人，那么，就请你亮出发自内心的自信微笑，为我们的城市增添一道亮丽的风景吧。

　　自信的女人，温柔高雅，举止大方，谈吐得体，她们懂得在什么样的场合说什么样的话。不论是面对阿谀奉承，还是讽刺挖苦，都会以一颗平常的心去面对，她们不会跟你争吵得面红耳赤，也不会为自己辩解袒护，更不会跟你死死纠缠、歇斯底里。她们的身上永远散发着一种魅力，那就是自信！

自信的女人，如花般美丽，有百合的清新，有秋菊的恬淡，有寒梅的孤高。自信的女人，如诗般高雅，有着与生俱来的感性。自信的女人，简单而快乐，她们孤独但不寂寞，她们清闲却过得充实。

自信的女人，可以给人带来无限期待和信任，因此，她们总是可以轻易地走进一个又一个新奇的领域。在新的环境中，自信的她们，可以用最短的时间，以最恰当的方式巧妙地处理妥当，在众人的赞叹声中，保持她们自信的微笑，给大家送去定心的精神动力。

自信的女人，也许没有沉鱼落雁、闭月羞花的美貌，甚至可能只是相貌平平，但她们可以凭着这份自信，让自己变得光彩照人，变得淡雅高贵。因而，无论在哪个场合，她们都是最耀眼的焦点，而且永远不会因为容颜的衰老而失去自己的魅力。

自信的女人，总是可以清楚自己最想要的是什么。任弱水三千，她只选自己最钟爱的一瓢，这就是她的聪明睿智。自信的女人，从来没有绯闻惹身，因为她们本来就洁身自爱，身正自然不怕影斜，偶有一些小小造谣生事，也不过是给她们的爱情做一个广告而已。

自信的女人，在刚强的时候，会露出豪爽的一面，用一份坦诚与爽朗使你心悦诚服。在柔弱的时候，总容易使人们对她心生怜爱，继而心甘情愿地为她做事。

在这个世界上，每个女人都应该是一道风景，有人如夏威夷的阳光沙滩一样温暖舒服，有人如富士山下的樱花一样可爱动人，有人则像阿尔卑斯山下的小草一样惹人怜爱。

每个女人都应该学会用欣赏的眼光看世界、看自己。因为，只有当一个女人足够自信，懂得关爱自己时，她的魅力才会同阅历一样成正比。魅力是一种从容的心态，是一种经历了时间历练而沉淀下来的气质。它与年龄无关，与态度有关。这个世界上美丽的女人多的是，但很多不过是白开水。而有魅力的女人不一样，她是红酒，越陈越醇香。

在这里要提醒大家的是，自信不等于自负，把握好自信的尺度也是十分必要的。若让自信发展为自负，那么很可能你得到的将是意想不到的失败。

在中外历史上，因为自负而失败的例子屡见不鲜：楚霸王由于自负而惨败垓下；关羽因为自负而痛失荆州；拿破仑因为自负而兵败滑铁卢；隆美尔因为自负而被盟军所败……所以我们要正确认识自信，不仅要勇于坚持，也要敢于面对失败，让自己真正自信起来，使自信成为助我们走向成功的基石。

第一，保持良好心态的自信。一个自信的女人，一定要懂得如何保持良好的心态。自信的女人知道如何把今天的不快乐消化处理，以避免影响到明天的心情。

对于自信的女人来说，每天的日出都意味着新的开始，每天的早上都要用如花的笑脸迎接。自信的女人积极参与健身运动，以保持健康的身体。她们不仅快乐地工作，把工作当成独立的基础，而且她们还会花样百出地做菜，兴致勃勃地看电视，神采飞扬地逛商场，积极乐观的人生态度，使她魅力永存。

其实，在很多时候自信都不是建立在空中楼阁上的，它是有感可触的。同时，自信的另一面又是脆弱的，它需要我们具备坚韧的内在力和意志力。而且，自信又是最可塑造的。

在某些特定情境下，当我们很难找到充足的证据和优势，正在面对困境时，自己顽强坚韧的精神，就是唯一可凭借的资本。正如成功学家戴尔·卡耐基所说："表现的有自信就是真的有自信"。

第二，从容而自信的生活。是众多生活状态中最惬意的一种。在我们苦苦追寻、苦苦探索的一生中，如果不能从容自信地面对生活，也许到最后，我们什么也得不到。人的一生要面对爱恨别离和生老病死等种种变故，我们都要试着自信从容地面对。因为，只有这样，我们才可以健康而快乐地活下去。

假如，你为自己不够美丽而自惭形秽，那么你很可能没有任何成就，生活一定是充满了阴郁。没有活力的生活，带给人的容貌必然不会是美丽的，这是最最浅显的道理。

如果不觉得自己聪明，那她也就成不了聪明人，在学习上会感觉很吃力，工作中总是只能做别人的附庸或跑腿，难以有出头之日。面对不自信带来的种种失落与失败，我们能做的就是改变，让自己变得更加从容自信。

第三，自信但不要固执。自信对于每个人都很重要，但如果因为自信而让自己变得固执就不太好了。在人际交往中，如果说自信是润滑剂，那么固执就是摩擦阻力。

固执之所以会成为人际交往的一个障碍，是由于不能用理智来评价自身，也就不能客观公正地去评价别人，从而赢得别人的理解和信任。也由于总是把自己的观点强加于人，势必会造成别人的心理反感，从而使交往在无形中产生一种"心理对抗"。

过于固执己见，就难免与人发生争执，从而影响与他人的思想交流和融洽相处。过于固执就无法与人沟通，会使你处于孤立无援、举目无友的境地，最终导致怀疑自己的能力，动摇甚至丧失自信。因此，不要因为过度自信带来的固执影响到自己与他人的交往。

向前一步，你能拥有更好的明天

坚忍是成功的一大因素。只要在门上敲得够久、够大声，终将会把人唤醒的。

水烧到99℃也不能算是烧开了，只有最后再加热1℃，才能突破临界线，从液态变为气态。成功和烧水是一个道理。失败者往往是在胜利即将到来之前的那一刻放弃了希望，停住了脚步。

生活中有很多女人在刚刚做一件事情的时候都能保持旺盛的斗志，处于这个阶段的人是没有太大差别的，然而在最后一刻，成功者与失败者便会各自显示出来。

成功者总是怀着希望之火，她们总能咬紧牙关坚持到成功；而失败者在这时大多被路上的迷雾遮住了眼睛，她们不再忍耐，也不再往前跨一步，从而失去了自己应有的成功。

成功也是一样，已经走了99步，只剩下一步时有的人却退缩了。人们常常说最后一步最难迈，这只是人们的一种心理作用，其实这最后一步和前面的99步一样，只是人们在走出这一步的时候容易自己吓唬自己，所以就放弃努力，同时也放弃了成功，女人在这方面表现得尤其明显。

女人的有些梦想之所以无法变成现实，是因为她们做事没有执着追求的精神，没有让自己持之以恒地为梦想而奋斗。她们只知道描绘出绚丽的梦想，却忘记了在梦想实现的过程中会遇到的困难和挫折。而一旦困难和挫折摆在面前时，她们往往会选择退缩，因而梦想自然就只能是梦想。

其实有 90% 的失败者并不是被别人打败的，而是他们自己放弃了本该出现在眼前的成功。丘吉尔在剑桥大学演讲时，人们问起他成功的秘诀，他的回答是："我成功的秘诀只有三个：第一个是绝不放弃；第二个是绝不、绝不放弃；第三个是绝不、绝不、绝不放弃。"

绝不放弃就是坚持下去，它来自一个人的毅力。在走向成功的路途中，没有任何东西可以代替毅力。女人有了毅力就容易成功，如果没有毅力，则很容易前功尽弃。

当回过头看自己所拥有的成功时，你也许很容易就会发现，无论做什么事都要经历一个过程，而且越是重大的事情，所经历的过程就会越长。甚至很多时候，可能会经过许多努力仍然看不到希望的曙光。

其实，这正是胜利女神考验你的时候，如果你再往前踏一步，你就成功了，如果你止步不前或是退缩了，那你前面所做的努力就都白费了。

在19世纪，美国的西部曾发现一个金矿，那些幻想着一夜暴富的人听到这个消息后，便蜂拥而至。其中有一个年轻人花掉所有的积蓄，买了一处矿脉，他辛辛苦苦地挖掘了一年多的时间，还没有看到一点金子。最后，他放弃了继续挖金子的想法，卖掉矿脉，失望地回家了。

这个矿脉新的所有人请专家勘察了地质状况。结果专家的回答是："只要稍微再挖一下，黄金就会出现。"于是新矿主继续挖掘，没过几天，一座大的金矿就出现了，新矿主轻而易举地获得了巨大的财富。

还有这么一则故事：

在一个村子里有两兄弟，他们天天梦想着成为富翁。一天，老大做了一个梦，梦里有个神仙告诉他对岸岛上的寺里有一株牡丹，开白花的一株下面埋了一堆金子。

第二天，老大满心欢喜地驾船去了小岛，发现岛上一切景色果然如梦中神仙所说的一样，春天到了，寺里的牡丹全部开放了，只不过开的是清一色的淡黄花，并没有神仙说的白牡丹，于是老大就垂头丧气地回去了。

等老二知道了这件事后也来到了寺里，他从秋天一直等到第二年春天，果然，在春风的吹拂下，牡丹花全都盛开了，一株牡丹盛开出美丽的白色花朵。老二激动地跑到这朵花跟前，在它底下挖出了一堆黄金，从此以后，他成了村里最富有的人。

成功既需要人们不懈地去追求，更需要耐心。尽管有很多时候女人也曾全身心地投入过，但却在成功即将来临的时候失去了最后的耐心，以致功败垂成。这时的成功实际上离女人只有一步之遥，只要女人耐心地坚持一下，成功也同样会属于她们。

不管你做什么，走完了99步，剩下的最后一步就是考验你毅力的一步，如果你再多一点努力，多一点坚持，往前再走一步，你就很可能获得成功。就像赛跑一样，那些实力相近的选手夺取奖杯往往只差一步的距离，而起决定作用的是最后那一瞬间，谁在最后能爆发出巨大的力量，谁就是胜利者。

不管你做什么事，只要敢于坚持，绝不放弃，那些不可能的事也会变为可能。为了实现自己的梦想，当女人在遇到挫折和困难的时候，要有不达目的绝不罢休的执着精神。女人一旦放弃这种执着，放弃追逐美好的梦想，成功便会化为泡影。

好的人脉，是吸引财富的资本

赚钱除了时、运、自身的努力之外，最离不开的是众多朋友的支持和帮助。女人要形成属于自己的关系网，并时刻记得在"关系网"中寻找赚钱的机遇。

女性的心思细腻、感情丰富、富有同情心，这些特点都非常有利于女性交际。如果仔细观察像靳羽西那样的成功女性，你就会发现，她们无一不是交游很广的人。从她们身上我们不难看出，交往越广泛，赚钱的机遇就会越多。

在现实生活中，有许多赚钱机会都是在与朋友的交往中出现的。有时甚至是在漫不经心的时候，朋友的一句话、朋友的一次帮助、关心等都可能化作难得的机遇。

在很多情况下，就是靠朋友的推荐、朋友提供的信息和其他多方面的帮助，人们才获得了难得的机遇。因此，从这个意义上说，交往广泛，有利于赚钱。

　　阿敏为人挺好，能力也佳，却总是在工作和事业上不顺。在现在的岗位上干了那么多年，成绩是有的，就是不能得到提拔。她也纳闷儿："有人跟领导搞不好关系所以才不被提拔，我跟领导关系倒是不错，怎么也不起作用呢？"

　　星期天，她正烦着，见儿子和同学下跳棋，就凑过去解闷儿。儿子总是输，于是她帮儿子出主意："你不会开动脑筋，给自己多搭几座桥吗？"

　　谁都知道这是下跳棋的一种捷径，每搭一座桥，就可以连跳好几步，事半功倍。果然在她的指导下，儿子的棋局大有起色，阿敏得意扬扬，就势教导儿子："下棋的时候一定要学会给自己多搭几座桥，多寻求一些帮助和捷径，路才好走。"

　　看着儿子连连点头，阿敏想到了自己的事业，于是她一下子恍然大悟。

　　从此阿敏开始在人际关系上下了很大的功夫，为自己搭了很多桥，半年之后她果然青云直上，事业上取得了很大的成功。

　　关系网既然称作是"网"，就应当具有网的特点。在这张网上朋友的构成有点有面，分布均匀。也就是说，在你的关系网中，应该有各式各样的朋友，他们能够从不同的角度为你提供不同的帮助。而不能只在自己熟悉的范围内认识一些人，这样结交的范围就过于狭窄。也就构不成一张标准的关系网了。

当然，你也要根据他们不同的需要为他们提供不同的帮助，这才是关系网应当具有的特征。一个想要成功的女性应当做到下面两点：

第一，要善于结交新朋友。一个人要想取得成功，就必须学会了解人、结交新朋友、参加新组织、扩大社交范围。各种各样的人，就像各种各样的新鲜事物，会给你的生活带来无穷乐趣，还可以扩大我们的社交领域。所以，人是我们不可缺少的精神财富。

第二，结交不同观点的人。不难想象一个思想狭窄的人，是很难有大出息的，重要的职务和崇高的责任只有那些一分为二地看问题的人才能胜任。结交和自己意见不一的人，我们必须相信，他们都是有潜力有进取心的人。与那些积极上进的人做朋友，因为他们希望看到你成功，会给你提出积极的建议。

人脉就是财脉，而朋友就是吸引财富的最大资本。

用女人的细腻，创造美好的未来

没有顽强而细心的劳动，即使是有才华的人也会变成绣花枕头似的无用的玩物。

女人的成功除了和能力有关外，还跟女人天生的细腻有关，这种细腻让女人更善于抓住商机，在解决问题时更有针对性。此外，女人的细腻还能够帮助她们发现一些别人容易忽略的问题。这是女人天生的强项，一个女人如果在有能力的同时还善于运用自己的细腻，就会很轻松地走向成功。

北京好运公司的董事长姜海琳是个女强人，也是个细腻的女人。在上学的时候，她是个"听话"的好孩子，在16岁的时候她以优异的成绩考入军校，选择了电子专业。

在大学毕业的时候，她还获得了国家教委颁发的"优秀大学毕业生"的荣誉和"院长奖"，为她的军校生涯画上了一个完美的句号。

经过四年的军队生活，她又考入了北京市公安局，被分配在"110"指挥中心工作，她把工作做得十分出色，也因此获得了不少荣誉。虽然这是个很抢手的行业，而且自己也已经做得相当出色了，但她觉得自己并不适合这个行业，于是她选择了放弃，开始跟随丈夫做起了石油贸易。

2004年，在石油业做得很成功的姜海琳又开始了自己新的追求，因为她觉得任何事业在不创新的情况下都将面临走下坡路的危险。一个偶然的机会让姜海琳抓住了商机。

在她和几个股东从游泳馆走出来时，其中一个股东说："如果哪天游完泳可以直接到餐厅就好了。"正是这一句不经意的话，让心思细腻的姜海琳灵机一动。

她在当天工作完后，就对附近的圈子做了一个调查，她发现这个区域在五里之内只有几家高档的商务餐厅。随着第三使馆落户于此，将来这里肯定是发展很快的区域。于是，经过慎重考虑，她选择了当时很冷门的一个行业，商业房产，这是当时许多经验丰富的房产高手都不愿再从事的行业。

当时她做的项目是北京一条很普通的"食街"，姜海琳给它取了一个很好听的名字"好运街"。经过二三年的时间，在第三使馆区的好运街就建成了，规模不是很大，只有38间商铺，所以每间商铺都被一些餐饮商人争抢。

在经营管理上，姜海琳着实费了些心思，她用消费者的眼光看问题，并用女人独有的细腻把好运街打造成一个独具人文关怀、和谐共存的房地产品牌。

姜海琳暗暗对自己说："我要让这个工程一直保持着新鲜的血液。"她明白，好运街的品牌全在于38家商铺的品牌。所以在商机看好时，姜海琳做出一个大胆的决定：这些商铺只出租，不销售。

因为细心的她想到，如果商家和消费者之间，或者是商家和商家之间发生矛盾的话，公司可以凭借业主的身份对此进行协调，必要时还可以给出相应的惩罚。这样"店大欺客"的事情就不会在好运街发生，好运街自然就会有许多回头客。这是一种从未有过的经营模式，但是她相信自己是可以成功的。

在投资和消费者的立场上，姜海琳都用自己的细腻取得了成功，在对待员工的问题上，她同样选择用人性化的方式对待。

有一次，一位员工因为报价上的失误引起了客户的不满，客户为此事找到姜海琳，对这位员工的工作态度进行谴责。姜海琳本来可以批评这个员工，但她并没有这样做，而是继续委以重任。

最后，那位员工觉得对不起她，主动找她道歉，她才严肃地指出员工的不足之处，并且说明自己是对事不对人的，告诫那个员工以后不要犯同样的错误。就是这样一个充满人情味的举动，把姜海琳和员工的心拉得很近。

目前，姜海琳的好运公司经过她多年的努力，已经发展成集多种经营为一体的公司，其经济效益及社会效益不容小觑。

人们常说细节决定成败，把握住细节就会锦上添花。成功要从小事做起，不细心的女人，即使有才能往往也得不到施展。对一个女人而言，如果能把女人天生的细腻运用到事业当中，那她一定能做得相当成功。

细腻的女人懂得从小处入手，不忽略细节，并且以柔克刚，从而获得别人的信任和尊重，因此在寻求合作和实施人性化管理上更容易取得成绩。由于女人具有细腻的优势，使她们更容易抓住一些别人没有意识到的商机，这让她们比其他人更容易成功。

而因为女性其独特的生理特征、社会角色和审美意识，在观察问题、处理问题的时候与男性有很大的区别。在生活中，人们可以发现，女人常常能想出一些好点子，而且非常具有特色。

其实，很多女人的成功都来自她们独到的眼光，她们能够发现生活中细微之处的差别，让这些微小之处闪烁智慧之光，从而漫步成功之路。

在日本有一位家庭妇女，名字叫作富田惠子。有一天，她的一位邻居去西欧度假，在临走之前把家中的几盆花托她代养。

惠子以前没有养过花，浇水施肥又不得法，结果这几盆花落得枝枯花零的下场。"怎样才能使外行也能养好花呢?"这个问题一直在她脑海中萦绕。

有一次,她忽然想到把花草和罐头结合在一起。如果在罐子里面放上泥水、花籽和肥料,每天往里面浇点水,那么外行也会种出艳丽的花朵来!经过努力,她终于研制出了"养花罐头"。

按严格的配方比例,在罐子里添装好复合配料、泥土和种子,然后再密封起像罐头一样来销售。由于任何人买回去,打开盖子只靠浇水就能养好这种花,所以产品的销售很好,成了"热门货"。"养花罐头"当年就获利2000万日元,富田惠子由一名家庭妇女一跃而成为令人羡慕的实业家。

不少女性都因为拥有独到的眼光而获得成功。成功并非难事,很多女人不成功或者无为一生,是因为缺乏好的想法和智慧的眼光,从而导致成功无门。

美国加州有一位女商人名叫荷信,她的一位朋友怀孕了,她想送点礼物表示祝贺。于是她将一条养金鱼换水用的吸水管的两端分别连接了一个漏斗和一具喷漆工人用的防护口罩,并起名为"母亲与胎儿通话器",把它送给了这位怀孕的朋友。

她原本想与女朋友开个玩笑,岂料这个礼物大受欢迎。她的朋友真的利用它来跟胎儿谈话。

有个妇幼保健专家认为孕妇在婴儿未出世前,利用自言自语的方法与胎儿谈话，将会有助于提高婴儿日后的自信心，以及加强他出生后的学习能力，这就是人们所说的"胎教"。

于是，荷信灵机一动，立即集资正式制造起这种"母子通话器"，并申请了专利权。产品上市后很受欢迎，她也因此名利双收。

细腻的女人会让生活变得更加美好，因为细腻能够引发观察和思考，而善于发现和思考的女性不仅可以让别人得到快乐，还能让自己获得成功。

成功来自生活的方方面面，而细心的女人往往能够在这些琐碎的生活中觅得成功。

在湖北省安陆市有一个小厂，正在准备开发些新产品。有一天，该厂的员工在一家商店门口听到几位姑娘正在对一顶用羊毛绒编织的帽子大发议论。

有人说："这顶帽子挺好看，帽檐宽度适当，右侧配织的花也很协调。"

另一个人说："日本电视连续剧《血疑》里的幸子，戴的就是这种帽子。这叫'幸子帽'，在上海有卖的。"

姑娘们的议论引起了小厂里几个人的注意，他们就凑上来一起开始研究这个帽子并且展开调查，她们了解到当时正值日本电视连续剧《血疑》在国内热播。

于是这几个人向厂里提出生产"幸子帽"的建议，厂里经过更加慎重地研究后决定组织力量生产"幸子帽"。"幸子帽"上有一朵编织的花，厂里从外地请来这方面的行家，通过技术培训，使厂里的员工掌握了这项技术。

经过大家共同的努力"幸子帽"终于生产出来了，产品上市后很受消费者喜欢，销至国内许多大城市，还拿到了外商的订单。而那几个主动调研并且提出建议的员工都获得了晋升的资格。

成功的女人大都具有敏锐的洞察力，能够观察到生活的细微处，她们善于思考，富有想法和创意。对她们而言，只需要用"心"去发现，就能点燃那支成功的火炬，未来就将光明无限。

第五章
仪式感让你的婚姻甜出蜜来

出门前给爱人一个亲吻，每周为在家里做一桌丰盛的大餐，陪父母吃一餐热热闹闹团圆饭……生活中的仪式感，无处不在，只要我们注意这些生活细节，爱自己，也爱家人，就能把日子过得淌出蜜来。

有韵味的女人，永远不会老

韵味，是对一个人气质的肯定以及赞赏，亦舒说："如今美人岂能只靠一张脸？学识起码打50分，仪态姿态20分，性情品格20分。"女人长得漂亮固然重要也是资本，但光有漂亮的脸蛋，没有内涵，可能韵味还不够。如果既长得漂亮又有内涵，那可能你的韵味就显得十足，你可能就是一道特别靓丽的风景。

女人的韵味，也被称为女人味，是女人一生的"气味"，这是一种很有韵味的女人，她如山涧小溪，甘甜清冽、晶莹纯洁；如一泓静泊如镜的秋水，清澈明净、恬淡静谧。它既包含着韵，又洋溢着味。它是女人的态，或曰神韵。女人有态，三分漂亮可增加到七分，女人无态，七分漂亮可降落到三分，它如春风拂面闭目可神受，如火之有焰动感而婀娜。

女人的韵味体现在一举手、一投足、一颦、一笑、一个眼神、一抹娇羞、甚至一件饰品、一款衣服……有韵味的女人，是善良的女人，是智慧的女人，是淡雅的女人，是健康的女人，是成熟的女人。

外表漂亮的女人不一定有韵味，但有韵味的女人特别有魅力，就凭她的一举一动，一言一行之优势，她是尽善尽美的。因为她懂得"万绿丛中一点红，动人春色不许多"的规则，她懂得具有以少胜多的智慧。

如果把漂亮的女人比喻成崇山峻岭，奇山异石，雄伟壮丽，让人一见动容，但却难以亲近；而有韵味的女人则是碧水蓝天，小桥流水，旖旎秀丽，令人顿生亲切，流连忘返。

漂亮的女人是山珍海味，生猛海鲜，虽然珍贵美味，但久吃则厌倦，还容易闹肚子；有韵味的女人清淡如茶，清汤寡水，虽然清淡无味，但却养生舒心，让人回味无穷。

有一种美女，在20岁时艳光四射，但随着岁月的流逝，美丽并没有隐去，竟越发耐看起来，甚至还凸显出一种夺人的魅力。经得起时光雕刻的女人才是真正的美丽，张曼玉就是这样的女人，越"老"越有韵味。

张曼玉在谈到女性的美丽时说道："我从来不认为外表漂亮，或者事业成功的女人是最美的。女人应该善于用不同的角度看事物，多尝试些新鲜的东西，多有些好奇心。另外，我觉得女人心胸开阔最重要，因为这样的女人不小气，不会有妒忌心，会有一种成熟、大气之美。"

结婚后，许多女人就开始忘掉了自己，只知道工作和家务，不在意自己的外表着装，连最起码的打扮也被生活琐事代替了。任由皮肤发黄皱纹密布，头发乱成一团糟，衣着不再时尚，身材开始臃肿……过去的可爱漂亮的小女人再也看不见了。

男人可能会说：当年那个风韵娇羞的女人丢失了，那个娇媚可人的女人哪里去了。这种心灵上的衰老，比眼角的皱纹更令人可怕，更让人怜惜。要知道，女人没有了韵味，就好像鲜花失去了香味一样。

所以女人不一定要长得漂亮，但必须有韵味。韵味，是一门学问，也是女人在现实生活中应该学习的一种东西。那么如何才能做到有韵味呢？

第一，要崇尚知识，加强学习，培养自己的文化素养，提高内心修养，不管你是白领还是蓝领，永远不要大大咧咧，矜持永远是女人保持韵味的最高品位。

第二，要学会跟时间做朋友，对于任何人来说时间是不可违背，只能顺从的东西。女人尤其如此，再美的容颜也经不起岁月的沧桑，因此，聪明的女人不是苦苦挽留时间，而是和时间并行，从时间中得到自己想要的东西。那么，即使自己的容颜终将老去，而韵味却悠长无尽。

第三，注意积累。韵味是需要女人用一生的时间来积淀和酝酿的，有韵味的女人才能够在人生的各个阶段拥有不同的吸引力。时装和美貌只是女人生命中的烟花，只能有瞬间的美丽，会随着时间的流逝而烟消云散，能陪伴女人一生的，是韵味。聪明的女人不但懂得这个道理，还懂得在生活中培养自己的韵味，拥有这种永恒的光芒。

第四，添加一些得体的修饰。再贵的名菜是没有味道的，在烹饪的时候添加作料才出味道的。女人也是这样，妆要淡妆，话要少说，笑要优雅，爱要执着。无论在什么样的场合，都要学会得体地装扮自己、表现自己，使自己秀色可餐，暗香浮动。

时间的流逝无法阻挡，女人容颜的消失似乎也是不可避免，因为生活的磨难处处存在。女人面对时间的洗礼，如何让自己能永远地得到人们的欣赏呢？

这就需要她们拥有丰富的内涵和极致的韵味！让自己内在的修养和高雅气质来弥补因岁月流逝而带来的不足，只有这样才能从心灵深处源源不断地溢出摄人心魄的魅力。

在爱情里，留点空间爱自己

相爱是让人痴迷的事情，女人在爱上一个男人时，会心甘情愿地
为他付出所有，以至于慢慢忘掉了自己，男人就成为她的整个世界。
她本来以为这样就可以让爱情常驻，可结果却是忘了自己，也失去了
爱情！

巍巍有一个高大帅气的男友辉，一直以来都是她的骄
傲。每当和辉一起走在街上，看着别人羡慕的眼神，她的心
里总是甜蜜的，心里充满了满足感。

因此，这份爱情成了巍巍的全部。和辉在一起的时候，
巍巍总是对他百依百顺，只要他开口，她就一定会照办。巍
巍因为有胃病不能吃辣，可辉偏偏喜欢吃川菜。每当这时，
巍巍眉头都不会皱一下，马上陪他去吃川菜。

在家里视为掌上明珠的巍巍，为了辉彻底改掉了自己的
小姐气，像保姆一样照顾着他，为他洗衣做饭，打扫卫生，
做一切的家务，在生活上心甘情愿地把他当成了一个孩子来
宠，在感情上辉就是她的全部。

可是，后来辉却出人意料地提出了分手。那一刻巍巍傻
了，她实在不明白自己到底哪里做错了，她哭了，哭的那样
伤心，可是她不甘心，她觉得她没有做错什么，她哭着乞求
辉：是我哪里做得不好？只要你不乐意的地方，我一定改，

行吗？辉苦笑着摇摇头：不是因为你做得不好，而是因为你做得太好了！

　　为什么做得太好了，还要分手？巍巍的朋友曼曼解开了这个谜："你为了爱情，已经完全失去了自己，而男人是想找一个和自己同是平等站立的女人，而你太在意他了，他感觉不到了你应有的存在。也许，在他眼里，你只是一个保姆或者一个很好的朋友。"

　　巍巍的经历让人想起了夏洛蒂·勃朗特笔下的简·爱。这个出身虽然卑微的女子，勇敢地追求爱情，却绝不为了爱情放弃自己。这个平凡的女子，最终不仅赢得了真挚的爱情，更赢得了别人的尊重。

　　在爱情里，女人容易成为傻瓜。因为付出了很多，输得也就最惨。如果把自己的全部当成礼物悉数送给了对方，对方会认为得来太容易，会毫不怜惜地将它放在一边。

　　因为那不是自己追来的，所以不懂得珍惜，就像我们日常买的珍品与赠品一样，虽然是同样的产品，但如果是自己掏钱买的，显得格外的珍惜，如果是别人赠予的，也许用时就没有那么珍惜了。

　　作为一个女人，不要爱一个人爱的浑然忘却了自我。那种全身心的爱只应出现在小说里，而小说的色调不是悲剧就是喜剧，世界上那里会有那么多的悲喜剧？不要活得太理想化了，现实才是正常的。

　　这个社会越来越不欢迎不顾一切的爱。爱一个人，应该给他呼吸的空间，也给自己留个余地。飞蛾扑火的爱情，正在进行时固然让人觉得壮美，但若结束时，你如何收拾一地的狼藉？

　　爱他，但不能这样太失去自我。爱，也要爱得有分寸，爱得太多，不但丢失了自己，也会让对方喘不过气来。

太爱一个人，会被他牵着鼻子走，动辄方寸大乱，如被魔杖点中，完完全全不能自己。从此，你没有自己的思想，没有自己的喜怒哀乐，你以他为中心，跟他在一起时，他就是整个世界；不跟他在一起时，世界就是他。

太爱一个人，会无原则地容忍他，慢慢地他习惯于这种纵容，无视你为他的付出，甚至会觉得你很烦、太没个性，甚至开始轻视、怠慢、不尊重你……

太爱一个人，你无异于一支蜡烛，奋不顾身地燃烧，只为求得一时的光与热。待蜡烛燃尽，你什么都没有了。而对方只是一根手电筒，他可以不断放入新电池，永远保持活力。

太爱一个人，他会习惯你对他的好而忘了自己也应该付出，忘了你一样需要得到同等的回报。不要以为你爱对方十分他也会爱你十分，爱是不讲理由的，所以很多时候，爱也是不平等的。

记住，爱一个人不要爱到十分，八分已经足够了。剩下的两分，用来爱自己。

所以，女人都应该有一所属于自己的屋子做归属。不论最终那屋子是大到富丽堂皇还是小到只供挡风遮雨。在伤心失意的时候，记得到你自己的屋子里，学会孤独，学会冷静，找到内心的自己。

在任何情况下都不能失去自己，要懂得珍惜自己，爱护自己。即使对爱人爱得再深，也不要忘记给自己留点空间。

女人是陈酿，愈品愈香愈沉醉

　　成熟的女人有一种无与伦比的魅力和风韵，像一杯愈陈愈香的美酒，回味无穷。成熟的女人是一把最艺术的刀，把自己的男人雕刻得有棱有角，把自己的孩子雕刻闪闪发光，把自己的家雕塑得像一个让人离不开的城堡。成熟的女人经历了生活的打磨，常常像一盏航灯，男人无论走得多远，都认得清回家的路。

　　女人如花，可是随着年龄的增长，当我们青春不再，当我们进入婚姻相夫教子，当我们迈入三十，走向四十，一路成熟着奔向老年的时候，身为女人的你我，应该怎样维持着内心完美的自我，来保护好我们的家庭？

　　成熟，一般认为和年龄无关，可是在岁月中分明又造就了我们的成熟。成熟有时候就是一种魅力，一种青春不在的时候依然散发出来的迷人的光彩。而成熟的女人也有着她特有的标志：

　　第一，能够"轻视"异性，不把异性当回事。女人不要把男人当回事，这不是说不去注意异性，拒绝对异性的好感和爱情，而是拒绝见到异性就心惊肉跳骨头软的不健康的心理和表现。

　　第二，懂得宽容。宽容别人，也是宽容自己，这体现了对人性缺陷的包容和理解，因此，宽容不但是一种成熟，也是智慧。伏尔泰说："我们所有的人都有缺点和错误，让我们互相原谅彼此的愚蠢，这是自然的第一法则"。

第三，把握自己。每个人都是有理性的。天真与成熟的区别在于理性把握的度上。成熟女人在于她的自控能力、抵惑能力、辨别能力、承受能力、调节能力都把握得到位。这跟性格、素质、责任感都有相关，也跟情商、智商相关联。

黛安娜的美丽是一个身材和相貌都很完美的贵妇，她的三围被美容专家称为"魔鬼黄金比例"，而就是这个倾国倾城的美女，在感情上却输给了那个又老又丑的男人婆卡米拉。这个丑女让查尔斯王子痴恋了几十年，并决定跟黛安娜离婚后与她结婚。这不能不让人们对女人的美丽和魅力孰轻孰重做一番思考。

无疑，形貌的美丽是男人十分看重的东西，但是婚姻不是转瞬即逝的一夜情，婚姻是长久的一生，是要用一辈子来长相厮守的对方。当美貌引起的吸引力逐渐淡去的时候，每天面对一个迟钝、笨拙、没有情趣的女人，对于男人，生活怎能不无聊乏味？

即便曾经谴责卡米拉破坏皇室婚姻的人，最后也不得不说："说句公道话，凡是熟悉卡米拉的人，无不认为她是一个有魅力的女人，她不但聪明，还很风趣。她是宴会上的女王，文学艺术、政治经济，她都能侃侃而谈。"

卡米拉以成熟女人特质，广博的知识、敏锐的视角、高雅的情趣、超凡的风度赢得了查尔斯王子忠贞不渝的爱情，也得到敌视者的认可和喜爱。成熟造就的魅力，有的时候不是美丽可以相比的。

"女人的美不在脸孔上，是在姿态上。"对女人颇有研究的林语堂曾经这样说。罗兰也这么说："多读一点书，让自己多有一点自信，加上你因了解人情世故而产生的一种对人对物的爱和宽恕的涵养。那时，你自然就会有一种从容不迫、雍容高雅的魅力。"

总有女人这样认为：女人最厉害的武器是美丽，依靠美丽征服男人，让男人为自己获得一切。殊不知美丽是很残忍很可怕的东西，因为它一定会消失，会老去。

世界上没有永远开放的花朵，而成熟似乎就是"美丽"的后继者，人常说青春的流失和梦想的褪色是成熟的代表，当美丽逝去也就是成熟来临。可是，走向成熟是人生的方向，况且，一种持久的平和的幸福人生离不开成熟。

女人的魅力来自成熟，成熟的女人宛如芝兰，它不是突然扑面而来的浓香，而是自然地袅袅飘来，又轻轻散去，一滴一缕地沁人心脾，让人沉醉于其阵阵幽香之中，不想离去。情韵上，把握男人的脉搏；神韵上，潜入男人的灵魂；意韵上，走进男人的心灵深处。

对于中国女人，我们祖先几千年来就在无形中就在要求每个女人应该成为贤妻良母，为了这种肯定，女人一直在压抑着真正的自己，无欲无求，不断地付出、付出，再付出，只是为了让自己贤良淑德，让世俗来肯定自己。

可是，我们的生命，真的只有这一种色彩吗？成熟女人的角色是交叉的。婚内婚外的女人大都不是一个版本。女孩的任性与妻子贤惠，往往吻合不到一个人身上。婚姻里的女人撒泼、情绪化、唠叨婆，覆盖了婚前女人的温柔可爱与善解人意。

而我们中国的很多女人在结婚后，每天围绕着油盐酱醋，老人，老公，孩子，事无巨细，都要她们经手。她们无私地奉献着，快乐着，直到这种付出成为习惯，直到别人一直以来的感激成为她们的奢望，有一天她们的丈夫放弃了她们。

面对老公的背叛，她们痛苦绝望，甚至声嘶力竭的讨伐，她们可能不明白为什么自己一直勤勤俭俭，劳心劳力，为了这个家付出了所有的精力，怎么就挽不回那颗曾经爱恋的心？

其实，作为女人，我们忽视了一个问题，因为男女是不一样的。男人，天生有征服的欲望，当你在他眼里失去了所有的光芒和吸引力，你，就注定要被替代了。

男人的面子，比他们的生命都重要。所以，他们愿意自己的妻子在别人眼里是貌美如花，至少是中人之资，而不是带不出门去，更不是老土，老气。在某种程度上，他们愿意自己的妻子晃晕了别人的眼，而不是入不了别人的眼。

成熟女人要能巧妙地将各种角色集聚一身，摇身一变，使做母亲的明智、奉献与大度和做妻子的娴熟、明理与娇柔混合一起；使做红颜的开诚布公与做朋友的肝胆相照化为一体。一个成熟的女人，知道善待自己，因为只有这样你的老公才会善待你。

当然，呵护孩子，赡养老人，能够相夫教子，这是一个女人的本分。但是，成熟需要一个健康的自由的家庭环境和恰当的夫妻氛围，需要个人独立的思考能力与常常的自我反省。

有的时候我们未必要做一手好饭，老公宁愿看到我们狼吞虎咽吃他做的菜，赞美他，欣赏他，崇拜他，那会给他成就感和满足感，一个被老婆需要的男人，是很自信的。

作为女人虽然不可能永远年轻，但是我们可以风姿绰约；我们不会永远靓丽，但是会风韵犹存。他当时在万人之中选择你，自然是因为你有过人之处。不要让时间磨蚀了你的美好，让你的优点，成为吸引他的不可抵挡的魅力。

所以，一个女人，不要忘记你的魅力，哪怕日子再忙，也别忘了给自己的生活和内心一些颜色，也别忘记了给自己的老公一些新鲜，一个真正有"才情"的女人，就是成熟也有成熟的风情万分，而不是乏味无聊。或娇，或嗔，或痴怨，用你的柔情，编成一张网，让他永远走不出你的世界，把你捧在手心里，做他永远的宝。

做一个读心高手，潇洒走四方

现代女性正确地掌握"读心"技巧，彻底解读对方复杂的内心活动，就无异拥有一把锋利无比的宝剑，足以使你笑傲江湖，纵横天下，潇洒走四方。

女性处于现代社会里，不论你是否喜欢，总是被重重组织所包围，而生存于其间。比如说我们每一个人既是国家的一分子，也是政府或某公司的一员，更是家族中的成员。不仅如此，我们还是各种同学会、战友会、老乡联谊会等里面的一分子。由此可知，我们确是生存于各式各样的组织机构中的。

这些不同的组织机构都有各自独立的规则，一旦我们脱离或违犯了这些规则，就会为组织所排斥，甚至被组织清除出去。

构成这些规则的基础，可以说就是该组织里的人际关系，而人际关系的成功与否，便与正确了解他人的内心活动有密不可分的关系，也就是取决于女人的"读心"水平。所谓"读心"，就是洞悉对方内心活动的技巧与方法。

"猎奇之心，人皆有之"，不论大人小孩，都有某种程度的好奇心，总想了解对方不为人知的另一面。现代女性每天都要接触许许多多的人，除了工作和家庭外，像乘出租车会与司机有所接触，在咖啡厅或餐厅也会与服务人员有短暂的接触，即使在这种再普通不过的偶然接触中，也总是有意无意地想了解对方的心。

当然，对方也会设法窥视你的心。有时，因为了解错误，往往会引起对方的误解，甚至发生纠纷而引起不悦。此外，任何人都有某种程度的自负，而认为自己是最优秀的，正是因为这种偏爱自己的心理，便往往自以为不会误解对方的心思，可事实却恰恰相反，人与人之间相处不融洽的例子在日常生活中屡见不鲜。

仅仅由这种最普通的现象，就可以知道自己常处于误解对方心思的状态，这种错误对任何人，特别是对女人来说极为不利。由于误解对方的心思而不知失去了多少机会，遭误解的人说不定还是对你有极大影响的重要人物。由于没有好好把握与这些人的人际关系，说不定来之不易的成功机会便会白白地与你擦肩而过。

现代女性每天都要与各种各样的人打交道，她们的成功离不开一定的社会环境，换言之，离不开她们每天所要打交道的这些人。她们的成功就取决于你每天所要交往的这些人。一个生活在"真空"里不和人交际的女人，既算不上什么真正的社会人，更谈不上什么成功不成功。因此，我们完全有理由这样说：女人的成功取决于读心水平的高低。

知彼知己，百战不殆，怎么与人打交道，如何了解对方的心理活动，是女人掌握处世技巧的第一课。掌握"读心"术，是你建立成功人际关系的秘诀。

熟悉下象棋的人都有这样的经验，若你想赢得这盘棋，除了要清楚棋盘上的棋子外，还必须要看透对方下这步棋的用意，并进而判断出其后的布局，方能最后赢棋。正所谓"高手前后看三步"，就是讲的这个道理。

"读心"也是这样，既不能仅看表面和片段，更不能仅从无意中听到的一句话就轻率地断定是对方的肺腑之言，其实这或许正是对方为了掩饰自己的行动而故意施放的"烟幕弹"。女人一定要记住：人心是无法仅从浮浅的表面所能够了解的。

现代女性正确地掌握"读心"技巧，能够帮助自己彻底解读对方复杂的内心活动，这就无异于拥有一把锋利无比的宝剑，来抵挡来自各方的伤害。

拿得起放得下，做个快乐的女人

无论遇到什么事，女人都要努力学会拿得起放得下，尽最大可能使自己保持好心情，这样，即使有太多的不如意，生活也不会因此而黯淡。凡事想开点，是女人幸福一生的才情。

快乐是生活的最初之本。如果你选择了快乐，那么你就是选择了一种健康的生活方式，只要你觉得快乐，就请大胆地去行动，难道还有什么比这更快乐的吗？你应该用快乐来演绎自己多姿多彩的生活，同时，让快乐成为你生活的主题！

在生活中经常听到有关女人为情所困，甚至，最终导致走向极端的事情。《中国式离婚》剧中男女主人公将当代中年人的婚姻生活演绎得淋漓尽致。

剧中女主人公林小枫的不自信，对丈夫的误会和怀疑；丈夫宋建平对妻子的冷落，夫妻间没有及时地沟通，使一个家庭走向离婚的发展轨迹，最终导致婚姻的破裂。

　　一个即将出嫁的女孩问她的母亲："婚姻和爱情是什么呢"？当时母亲什么也没有说，拉过女儿的手，捧起一撮沙。女儿有些不解地问母亲："这是什么意思呢"？

　　母亲告诉她："只要你认真看，你就会发现其中的含义!"女孩看见沙在母亲平静而温和的手中，居然没有一丝的泻滑，而当母亲紧紧地攥住手中的沙时，沙却倾泻般的从母亲的指缝间泻滑下来。

　　此时，女儿明白了其中的答案。什么事都不要太刻意地去强求!否则，快乐何在？

快乐的女人是幸福的，幸福的女人是快乐的。这是相辅相成的!
男女双方在生活中应该做到相互信任，相互理解，相互尊重，相互宽容! 而在生活中作为一个女人更应该做到自尊，自强，自爱!甚至学会宽容!

当今的女性在社会上都有属于自己的一片天空，同时也就应该有一些属于自己的隐私。所谓"隐私"是在随着不断丰富的精神愉悦进入高级需要后产生的一种不可诉说的所在。

作为女人在生活中如果一心想管住男人，一味地害怕失去对方，你越是这样过分严厉地牵制男人反倒会引起男人们的反感，与其这样不如让男人们自由地去，男人们就是这样，你越在乎他，他越是不知天高地厚。

越是在乎男人的感受，处处总想让他高兴，他反而不会顾及你的快乐与否，以至于你的喜怒哀乐他永远也感受不到，因为男人们所感受到的是他自己的快乐。

与其这样，你还不如快乐地笑着坦然面对生活！无论遇到什么事都应该努力地学会拿得起放得下，保持一个良好的心态，这样，生活中的你随时都是快乐幸福的！

现代的女性生活在一个幸福的年代！她们有机会和男人们共撑一片蓝天，这应该说是一个时代的进步。时代的进步让她们从家里逐渐走向社会，充分融入社会的大家庭中去尽情地释放自己，在这个大舞台上给予她们充分展示自己的才华和魅力的空间，让她们有着从未有过的美丽和自信！

快乐是女人幸福的源泉。因为有了美丽和自信，今天的女人所以快乐！

今天，弱者，已经不是女性的代名词！在精神上、生理上甚至经济上她们都是一个独立的个体。在充分展示女人的优越感时，我们独立的人格将是自己未来光辉灿烂的开始。

今天的女人应该已不再是男人的附属品，无须在男人们的身影下唯唯诺诺的生活，你应该有理由、有信心的去做你觉得快乐的事，因为，你是有知识，有文化，在经济上能够自由独立的新一代女性！

善解人意，是婚姻和睦美满的秘诀

当两个人能于千人万人中碰到，又能幸福地一起走完一生，这是一种缘分。而缘分的百年相携，需要用两个人的力量来支撑，用相互理解来扶助。

享受被爱的时候，你要学会如何去爱人，而不是站在一旁袖手旁观地抱怨。女人从女孩到妻子，要习惯角色的转换，女人的善解人意要比自己的娇纵更吸引丈夫。

有一位女子名叫王樱，她一直在困惑，是不是无论什么样的爱情，经过时间的沉淀，都一定会像白开水一样索然无味？

王樱和她的先生10年前在大学里一见钟情，毕业后找到一份工作，又成了家，两年后又有了孩子，生活不错，但王樱觉得自己在日渐失宠，公主般被呵护的感觉渐行渐远。

王樱是家里的独生女儿，一直都有骄娇二气。以前要是闹别扭了都一定是丈夫来哄王樱，现在虽然也是，可是王樱却觉得他缺乏诚意。

以前逛完街，打个电话给他，保证在最短时间赶到，现在也是，可是牢骚满腹："开车也不会，你就不能自己打个的吗？"以前王樱的鞋带散了，他二话不说就蹲下去帮她系，现在他只是提醒王樱："鞋带散了！"

以前王樱常常故意无理取闹，他只是笑着说："老婆，你贵庚啊?"现在他会说:"怎么这么不懂事,真受不了。"诸如此类的变化比比皆是。王樱的幸福感越来越差,难道生活就是这样的吗?

作为女人,无论你做女儿的时候多么娇贵,你要知道你现在是身为人妻,是孩子的母亲,该懂得怎样去体贴和关怀别人,而不是老觉得自己该万千宠爱集于一身。

每一个孩子都是父母手心里的宝,包括自己的老公,并非只有自己才娇贵。既为夫妻,应互敬互爱,互相体贴,而非妻子就是公主,老公只是奴仆。即使老公是一个遥控机器人,恐怕也需要升值,也会磨损,怎能如此苛求同为血肉之躯的夫君,却不检视自己是否是一个合格的妻子?

王樱在感叹自己日益失宠的时候,她没有想过自己为丈夫付出过什么,她没有想过丈夫宠她是因为爱她。可是,将心比心,人的承受力和忍耐力都是有限的,这是王樱应该醒悟却没有醒悟到的道理。

善解人意,不应仅从文字上做善于揣摩人的心意去理解。其"善解"的"善",也不能仅作"善于"解释。它还应包含善心、善良的愿望这层意思。善解人意,首先要与人为善,善待他人,而后才能理解人、谅解人、体察人,体现出人格的魅力。

俗话说,"善心即天堂"。只有怀抱善心的人,才能爱人,欣赏人,宽容人。本来,人字的结构是互相支撑,懂得相互接纳、相互合作、相互融洽。

尊重丈夫的优势和才华,也宽容丈夫的脾气和个性。无论是对丈夫还是对家人,完全是欣赏对方美好的地方,而不去计较他的缺点,或者说与自己不合拍的地方。

不能理解的时候，就试着去谅解；不能谅解，就平静地去接受。有人说："人生最可贵的当口便在那一撒手。"而善解人意者就很具有这种"放人一马"的涵养功夫。

有人说："用你喜欢丈夫对待你的方式去对待丈夫。"每个男人，都是需要别人理解、同情和尊敬的。推己及人，与丈夫相处应该豁达一些，来个"礼让三先"。果然如此，那么沐浴我们的必将是阵阵和煦的春风和一片灿烂的阳光。

善解人意，还在善于体察丈夫的心境，给他以及时雨一样的帮助，让温馨、祥和、慰藉来沟通心灵。

比如，对窘迫的丈夫讲一句解围的话，对颓丧的丈夫讲一句鼓励的话，对迷途的丈夫讲一句提醒的话，对自卑的丈夫讲一句振作的话，对苦痛的丈夫讲一句安慰的话……

这些非物质化的精神兴奋剂，既不要花什么金钱，也不用耗多少精力，而对需要帮助的丈夫来说，又何啻于旱天的甘霖，雪中的炭火？

人生在世，与丈夫相处，许多人常叹善解我者难求。那么，一个聪慧的女人，就会学着去善解丈夫，而当自己在善解丈夫时，丈夫也将善解你。

男人的谎言，女人需要理智处理

如果说谎言有理，你一定非常愤怒，因为你认为说谎是不可原谅的。然而，扪心自问，难道你一生从未撒过一点小小的谎？不管是为了不伤害别人，还是为了保护自己，或是为了给别人一个面子。

当然，教育孩子时要提倡诚实第一。美国西点军校的校规是："任何时候都不允许说谎，如果你保护一个说谎的人，你犯的是同罪。"

在法庭宣誓时，你也要说："我说的是实话，全部的实话，绝对的实话。"而情感不是以黑与白、对与错作为分水岭的，它包含的内容要复杂得多。

曾看过的一部电影里，当律师逼被告说出实话时，被告突然说出一句："我可以告诉你实话，但是你能否承受实话？你们根本不能接受真实的实话！"在情感世界中，真话往往是很难被接受的。

在通信还没有今天发达的时候，有位男士从美国出差到欧洲。因为家里临时有事，他的夫人打电话到公司，向他的助理索取丈夫下榻酒店的电话号码，但那位女助理却冷冰冰地说："我没有。"说完就立即放下了电话，连一两句寒暄或者道歉的话也没有说。

在西方，人们对家庭关系非常重视。在正常情况下，即使这位女助理手上没有电话号码，根据基本常识，公司也会尽力为她找到电话号码。况且万一他们家里有急事等待呢？

女人的直觉是最敏感的，夫人即刻与公司秘书联系上，并索取到了电话号码，同时顺便问了一句："他的助理是否有这个电话号码？不然公司有事怎么联系？"

不了解内情的秘书回答："夫人不要担心，你丈夫这么重要的人物，许多决定还离不开他，所以他部门的工作人员都会掌握他的去向和联络方式。"

　　听到这些，夫人即刻联想到丈夫近来无意间非常规的举动，比如，经常照镜子，主动接电话，周末开会……越想越觉得其中有鬼。

　　丈夫的电话拨通后，她第一句就是："你和你的女助理有什么特殊关系？"

　　丈夫先是一愣，接着问："你听到什么了？"

　　"何必要听到什么？你是她上司，她平时对你那么殷勤，既然我是你夫人，正常来讲，她也该敬我三分……"

　　"她得罪你了？请你不要放在心上。我会告诉她注意点儿的。"

　　"她知道这里的电话号码吗？"

　　"公司人人都知道。"

　　"她为何不告诉我这里的电话号码？她明明知道这是非常重要的。"

　　"有可能……她忘了。"她的丈夫在为对方解释。

　　这时，酒店前台服务员非常抱歉地插话进来："先生，对不起，有一位女士说必须与你通话，她说，你正在等待她的电话。"

　　一阵沉默之后，做丈夫的说："我现在正在开会，不能接。"面对此情此景，做妻子的忍无可忍："你为什么不说你正在与你太太通话？我跟你讲话是在开会吗？"

　　接着"砰"地挂断了电话。尽管丈夫一次又一次打过来，夫人始终不接。

　　此事发生后不久，这个女助理被公司裁员走了。然而，做丈夫的始终未曾承认他和女助理之间发生过什么。是丈夫有意避开这个局面，还是其他原因？

不管怎样，不要认为女人会忘记，也许她们会更加警觉，也许她们会更加关爱丈夫，也许这是一个导火索，婚姻中的问题从此燃起。

这位夫人后来问朋友，她的丈夫是否变心了。

朋友说："如果他要抛弃这个家，他早就可以做了。他每天下班按时回家，对敏感的问题推得干干净净，其实是因为他还是在乎这个家，在乎你的啊！如果他跟你说他有外遇，你会原谅他吗？"

"我肯定会和他决裂，离开这个家！"

"对啊！"朋友说，"正因为他什么都没有说，所以你们今天还能在一起。不管你是否继续猜疑他，你们的婚姻还能维持下去。"

当对方真的说实话时，也许他已经开始不在乎你的感觉，不在乎你们之间的关系了。

当然这里讲的说谎的理由，其实都是因为做了本不该做的事情，但这样的事情一旦开始又很难收尾。其实，不说实话是怕对方承受不了。谎言有时是有益无害的。

然而，谎言要有度，要在内心适当存有一丝恐惧。如果人什么都不在乎，没有度的制约，甚至不怕惩罚的时候，谎言会无边无尽的。谎言不是借口，喊狼来了多了，早晚会被狼吃掉。

婚姻是一种境界，就仿佛是这样：她说一切都是真，他说一切也可为假，不管是假是真，他们却始终不离不弃。岁月流逝十几载，他被她的真情所融化，而她却从未有过半丝狐疑。就这样，假的变成了真的，瞬间的美丽化为永恒！

以柔克刚，让夫妻争端化解于无形

夫妻之间的吵架，经常是由小事引起的。对方只是有些小过失，可另一方如果不依不饶，得理不让人，必然会导致"战争"升级，而如果双方多一点谦让，生活也会更加美好。

有的人经常抱怨夫妻之间相处得不好。他们往往不去细究不好的原因。现在，我们不妨来看一个例子：

星期天，妻子小李和丈夫都在家。由于工作上有点小麻烦，丈夫最近的情绪比较低落。

小李一上午都忙着打扫房间，收拾家具，丈夫拿着一张报纸斜靠在沙发上翻来覆去地看着。小李知道丈夫最近有点不顺心，也就没要他帮着做家务。

后来，小李收拾小茶几的时候，一不小心把丈夫放在上面的茶杯碰掉地上摔碎了。偏偏事有凑巧，就在昨天，小李刚打烂了一个杯子，没想到今天又打烂了一个。

这套茶具是丈夫一位老同学从日本带回来送给他的，做工非常精致，丈夫十分珍爱，时常一边把玩，一边赞叹这套茶具"确非寻常俗物"。

平时丈夫几乎舍不得使用，就是怕被摔烂了，最近由于心境不佳，才拿出来独自享用的。没想到让妻子两天就打烂了两个，脸当时就拉长了。

小李一看丈夫这表情，心中的火气也一下子就上来了："不就是两个杯子吗，看你心疼的，好像我连两个杯子都不值。你不要在外面受了气，回来整天拿脸色给我看，拿老婆当出气筒算什么英雄好汉，再威风也威风不到哪儿去。真有本事的，也不至于把两个破杯子看得比老婆还宝贝。"

小李这下子可捅了马蜂窝，在丈夫眼里，妻子不体贴人，自己心境不好，她还恶言相向，于是往日的好处全没了，剩下的只是气愤和恼怒。本来工作中的麻烦早就令他感到痛苦和沮丧，妻子的一番嘲讽挖苦使他觉得这个家也没有什么值得珍惜的了.

于是他也破罐子破摔地说："嫌我没本事，我就是没本事，你看着办吧。外面有本事的男人多的是，遗憾的是你没那享福的命，只好找我这个没本事的男人做丈夫。"

妻子也不示弱："那也说不准，说不定哪天我就找一个有本事的男人给你看看。"

随着情绪的失控，双方偏离了夫妻之间交谈的正常轨迹，也偏离了就事论事的原则。丈夫抄起茶几上的水壶奋力一摔，小李觉得心都快碎了，绝望地毫无理智的哭骂："摔吧！有种你把东西都摔完！"

此时，丈夫已经彻底失去了控制，他顺手抄起一只哑铃击碎了刚买不到一年的电视机：日本进口的大屏幕，将近1

万元。

这种类型的吵架，在夫妻战争中最普遍，由于其心理动机的隐蔽性，往往具有突发的特点。工作中的麻烦导致的情绪低落是这场战争的潜在心理因素，以妻子打烂了一个杯子为由寻找了一个灾难性的突破口。

在小李看来，自己做得够好的了，丈夫不但不领情，反而因为一个杯子而责怪自己，于是反感情绪立即被点燃。双方的争吵由杯子转移到相互攻击，夫妻战争的升级就是不可避免的，最终的后果是双方都难以预料的。

唯一可以避免灾难性后果的条件是：必须有一方主动退让。当丈夫责怪小李的时候，如果小李主动退让的话，丈夫立即就会觉得这样对待妻子是不公平的，会觉得内疚和后悔。

同样，当妻子埋怨："你别说话那么难听好不好，我又不是故意的。"这时候丈夫主动退让的话，妻子就会体谅到：丈夫的心境不太好，我应该理解他，甚至为自己不小心打烂了杯子增添了丈夫的烦恼而感到自责。

所以，在生活中碰上类似情况，夫妻一方正在气头上，声音高点，话难听点，你应该保持冷静而不应火上加油，甚至发展到鱼死网破的地步。要知道，牙齿都有和舌头打架的时候，切勿把这种矛盾白热化。

下面，这一对夫妻就做得很好。

一位丈夫彻夜未归，次日才幽灵般地回到家中，妻子埋怨了几句，两人便你一言我一语地干起仗来。

忽然，妻子说："没什么了不起，男人晚上不回家都成时髦了,我要提醒你的是：熟悉的地方还是有风景的!"

那妻子虽然占理，却没有"痛打落水狗"，只是调侃了几句，便使一场冲突体面地结束了。

总之，夫妻之怨宜解不宜结。其中根本的一点是：任何情况下都不要有给对方一点颜色看、惩罚对方一下，非让彼此低头认罪不可的这种不良心态。有话说话，有理讲理，宁要争吵也不要冷战，这是许多和谐的夫妻总结出的一条老经验。

而一旦处于冷战中无人主动来给你们调解，那就靠双方"系铃人"来努力解开沉默无言这个"铃"了。为人不可太固执，如果是占理，让人一步不为低，人们最终会承认你的正确，并称道你的宽宏大量。